Rachel Levin

KÜHE ANSTARREN
VERBOTEN!

RACHEL LEVIN

KÜHE ANSTARREN VERBOTEN!

**Von Alligator bis Zecke:
Wie man sich bei Begegnungen
mit Tieren richtig verhält**

Mit Illustrationen von Jeff Östberg

Aus dem Amerikanischen von
Ebba D. Drolshagen

MALIK

Mehr über unsere Autoren und Bücher:
www.malik.de

Die amerikanische Originalausgabe erschien 2018 unter dem Titel
»Look Big. And Other Tips For Surviving Animal Encounters of All Kinds«
bei Ten Speed Press, einem Imprint der Crown Publishing Group, Penguin Random House LLC,
New York. Die Texte wurden für die deutsche Ausgabe teilweise adaptiert.

Die Informationen dieses Buchs basieren auf den Erfahrungen und Recherchen der
Autorin, sie können und wollen den gesunden Menschenverstand nicht ersetzen.
Denken Sie immer daran, dass wilde Tiere *wild* sind. Verlag und Autorin übernehmen keine
Verantwortung für unerwünschte Vorfälle oder Schäden, die entstehen, weil die in diesem
Buch erwähnten Empfehlungen, Rezepturen und Methoden befolgt wurden.

MIX
Papier aus verantwor-
tungsvollen Quellen
FSC® C083411

ISBN 978-3-89029-505-3
© Rachel Levin, 2018
© Piper Verlag GmbH, München 2018
Fachredaktion: Einhard Bezzel, Garmisch-Partenkirchen
Illustrationen: © Jeff Östberg, 2018
Satz und Litho: Kösel Media GmbH, Krugzell
Druck und Bindung: CPI books GmbH, Ulm
Printed in Germany

INHALT

GROSSE TIERE, KLEINE TIERE, ÜBERALL GIBT'S WILDE TIERE

An einem diesigen Wintertag war ich in den verschneiten Wäldern um Breckenridge, Colorado, auf Langlaufskiern unterwegs, als ich – zum Glück – aufsah. Direkt vor mir, keine fünf Meter entfernt, tauchte ein alter, weiser bärtiger Riese auf. Er schien einer Roald-Dahl-Geschichte entsprungen.

Das gigantische Geschöpf stand reglos zwischen den Tannen und sah mich unverwandt an, ich starrte zurück. Ebenso instinktiv wie schwachsinnig zog ich mein Smartphone heraus, um ein Foto zu machen. Doch dann meldeten sich andere, erheblich ältere Instinkte: Moment mal! Das ist kein Kuschelriese – das ist ein leibhaftiger Elch. Wie soll man sich verhalten, wenn ein Elch so nah vor einem steht? Ich hatte keine Ahnung. Und tat natürlich, was man bei Elchen keinesfalls tun sollte: Ich drehte mich um und fuhr davon.

»Komm bitte nicht hinterher«, bat ich noch laut in seine Richtung.

»Ein Elch folgt dir nicht«, sagte mir mein Mann, als ich später mit einem Bier in der Hand sicher auf dem Sofa saß. »Er greift dich an.«

Mich angreifen?! Aber er wirkte so ruhig. So sanft. Wer ahnt denn, dass ein aufgeschreckter Elch so gefährlich werden kann wie ein Grizzlybär? Ich jedenfalls nicht.

Obwohl ich gern allein in der Natur unterwegs bin, weiß ich nie *ganz* genau, wie ich mich verhalten soll, falls ich einen Puma treffe oder einem Grizzlybären mit Jungen über den Weg laufe. Um dem vorzubeugen, würde ich beim Wandern in Kanada am liebsten alle zwanzig Sekunden »Hallo, Bären!« rufen. Und was ist eigentlich mit den Schwarzbären im Yosemite-Nationalpark? Wir waren dort auf einer Zelttour und schliefen, als sie uns eine Familienpackung M&M's klauten, die wir ihretwegen sogar in den Baum gehängt hatten.

Zu Hause in San Francisco wird unsere Küche immer mal wieder von Ameisenhorden heimgesucht, Waschbären verwüsten die Abfalleimer, einmal blockierten zwei Stinktiere im Liebesakt unsere Haustür. Und meine Kinder hatten zweimal Läuse.

Da draußen geht es immer wilder zu. Wilde Tiere und Menschen befinden sich im Großen wie im Kleinen seit Langem im Konflikt miteinander. Während wir immer häufiger 400-Quadratmeter-Villen an Orte bauen, die vor Kurzem noch mit Wald bedeckt waren, und die Städte wachsen (feindfreie, vor Nahrung berstende Tummelplätze für verstädterte Tiere), verschränken sich unsere Leben zunehmend miteinander. Wie sich zeigt, schätzen Tiere die Bequemlichkeit des groß- und kleinstädtischen Lebens ebenso sehr wie wir. Sie gedeihen. Wir gewöhnen uns daran. Und die Sache gerät für alle Beteiligten ein wenig außer Kontrolle.

In großen Städten feiern Ratten Pizzapartys. Inspizieren Kojoten Spielplätze. Zerfleischen Pumas in Hauseinfahrten und in Gärten Hunde. Im Gebirge steigen Bären in Küchen ein. Und an der Küste schnappen Möwen Pizza und Popcorn direkt aus den Händen der Promenadenbesucher.

Aber die Menschen verhalten sich keinen Deut besser.

Im letzten Jahr kam der Wissenschaftler Vincenzo Penteriani zu dem Ergebnis, dass fast jedem zweiten Angriff eines großen Fleischfressers – Tiere wie Bären, Kojoten und Pumas – ein »unnötig riskantes menschliches Verhalten« vorangegangen war. Will sagen: Menschen verhalten sich strunzdumm.

Touristen im Yellowstone-Nationalpark packen ein Bisonjunges in den Kofferraum ihres Wagens, weil sie meinen, dass das Tierchen friert. (Das Kalb starb nach dieser »Rettungsaktion«.) In Pennsylvania legt eine Familie einem Bärenjungen eine Leine um, damit es in ihrem Hinterhof herumparadiert. Eine Frau in Florida pflegt ausgesetzte Waschbären.

Das sind Beispiele dafür, was man *nicht* tun sollte, wenn man ein Bisonkalb, ein Bärenjunges oder einen Waschbären trifft. Und noch etwas, was man besser lassen sollte: Selfies schießen mit wilden Tieren oder mit ihnen kuscheln.

Wir Menschen müssen fraglos wieder lernen, was zu tun ist, wenn wir – ob in den eigenen vier Wänden oder im Urlaub, ob in der Stadt oder der freien Natur – auf Tiere treffen. Die Verantwortung liegt bei uns, denn wir sind die Menschen. Wir haben Smartphones und selbstfahrende Autos erfunden, da kann es doch eigentlich nicht *so* schwierig sein zu verstehen, wie man konfliktfrei mit Tieren zusammenlebt.

»Wir müssen Tiere nicht lieben«, sagt der New Yorker Soziologe Colin Jerolmack, der sich besonders für Tauben interessiert. »Wir müssen sie nur genauso ignorieren wie wir ignorieren, dass wir in der U-Bahn manchmal zu dicht an unseren Nebenmann gedrückt werden.« Ignorieren Sie zumindest *manche* Tiere: Füttern Sie keine

Bären. Setzen Sie Eichhörnchen keine Tiara auf. Lassen Sie sie auf ihre Weise wild sein. Bei anderen Tieren empfiehlt sich etwas – sagen wir: kluge Voraussicht.

Wie wir uns bei Begegnungen mit Tieren verhalten müssen, hängt banalerweise davon ab, um welches Tier es sich handelt. Für jedes gibt es klare Strategien. Allerdings ist es schwierig, sie nicht durcheinanderzubringen: Mach dich groß. Mach dich klein. Lauf weg. Lauf keinesfalls weg. Wehr dich. Stell dich tot. Nein, nein, stell dich keinesfalls tot. Sprüh Pfefferspray. Streu Babypuder. Zahle einem »Spezialisten« 500 Euro dafür, deinen Kindern die Kopfläuse zu entfernen (das ist natürlich absurd …).

All diese Ratschläge, manche überholt, manche aktualisiert, gibt es als Tafeln an Wanderwegen oder Stränden, vergraben auf Webseiten von Ministerien oder auf der Rückseite einer Limonadenflasche. Deshalb dachte ich, es sei praktisch, wenn man alles an einer Stelle hätte: gesammelt in einem aktuellen und umfassenden Hand-buch der lästigsten oder gefährlichsten Tiere, denen Sie zu Hause oder im Urlaub begegnen könnten. Für mich, eine halb neurotische Städterin, die gern in der Natur ist (ohne jedem ihrer Geschöpfe begegnen zu wollen), glich das Schreiben dieses Buchs einer Verhaltenstherapie. Es war der Versuch, alles Wichtige in Erfahrung zu bringen, um besser vorbereitet zu sein, wenn ich das nächste Mal in einem unserer Nationalparks wandern gehe, im Stadtpark und am Strand jogge oder meiner Tochter die Läuse aus den Haaren pflücke.

Bei manchen Begegnungen werde ich dennoch ausflippen. Aber dann weiß ich wenigstens, was zu tun ist. Und das wissen Sie jetzt auch.

ALLIGATOR

/ *Auch bekannt als:* Kaiman;
gehört zu den Krokodilen.

WO Lauert im Südosten der USA in Seen, Flüssen, Sümpfen und Golfplatzteichen, auch – denken Sie daran! – in Disney World. Außerdem in Mittel- und Südamerika sowie Krokodile in Afrika, Indien und im tropischen Pazifikraum.

GRÖSSE Lang wie ein Schwebebalken; schwer wie ein großes Klavier.

LAUTE Ein knurrendes Zischen oder ein langsames, tiefes Rülpsen, wie ein Auto, das nicht anspringt.

»Alligatoren leben in ausnahmslos allen Süßgewässern Floridas«, versichert ein Experte in Gainesville, Florida. »Sie sind nur nicht immer zu sehen.« Aber sie streifen umher, dabei spähen die Augen über das Wasser, der gigantische Rachen ist für alles geöffnet, was ihren Weg kreuzt: Fische, Frösche, Schildkröten, mit etwas Glück ein Reh und, ja, auch ein Artgenosse. Sie fressen alles, was sie kriegen können. *Alles.* Und *jeden.* Auch Menschen. Das ist selten, aber es kommt vor.

Die Regeln für Alligatoren- und Krokodilgebiete: Schwimmen Sie nicht, waten Sie nicht einmal am Ufer. Am gefährlichsten sind Morgengrauen und Abenddämmerung. Lassen Sie die Beine nicht über den Bootsrand baumeln, machen Sie keinen Lärm, füttern Sie die Tiere *nie. Nie.* Am besten bleibt man an Land und geht den Tieren aus dem Weg.

Falls Ihnen das aus irgendeinem idiotischen Grund misslingt …

WAS JETZT?

Rennen Sie – zickzack, geradeaus, egal. Alligatoren sind vermutlich die einzigen Raubtiere, die Sie bei einem Wettrennen schlagen könnten. Sie jagen selten an Land, aber seien Sie in Wassernähe immer wachsam. Alligatoren lauern im Hinterhalt. Sie schnappen die Beute, ziehen sie unter Wasser, bis sie tot ist, und kippen sie dann wie einen Kurzen hinunter. Daher ist ein Mensch keine bequeme Mahlzeit.

Ein Alligator mag es nicht, wenn seine Beute sich sehr wehrt, also wehren Sie sich so heftig wie möglich, vielleicht findet er Sie nicht der Mühe wert. Schreien Sie. Spritzen Sie. Treten Sie. Versuchen Sie zumindest, auf die Schnauze zu schlagen oder ihm die Augen auszubohren. Keine Garantie, natürlich, aber es hat schon geklappt.

ZAHLEN

1,3 Millionen: Alligatoren in Florida.

380: nicht provozierte Angriffe auf Menschen seit 1948.

24: von Alligatoren getötote Menschen seit 1973.

100 US-Dollar: Preis, um im Gators Reptile Park in Colorado mit
einem lebenden Alligator zu ringen.

BEUNRUHIGENDER GEDANKE

Auf jede Ameise, die in Ihrer Küche über die Arbeitsfläche läuft, kommen zahllose weitere, die in Ihren Wänden leben.

BEUNRUHIGENDE TATSACHE

Ein Mensch hat einhundert Milliarden Gehirnzellen, eine Ameise 250 000. Eine Kolonie von einer Million Ameisen hat also 250 Milliarden Gehirnzellen. (Kein Wunder, dass wir so schwer mit ihnen fertigwerden.)

AMEISE

/ *Auch bekannt als:* Emse.

WO Überall außer in der Antarktis, vor allem aber in Ihrem Haus, wenn es draußen regnet.

GRÖSSE Winzig, aber machtvoll.

Ein amerikanischer Werbeslogan für Kartoffelchips lautete: *Jede Wette: Bei einem bleibt's nicht!* Das ist wahr, wer isst schon einen einzelnen Kartoffelchip? Ähnliches gilt für Ameisen: Sie sehen nie nur eine, vor allem wenn bei Ihnen Chipskrümel herumliegen.

Ameisen schlüpfen durch Risse und marschieren durch Ihr Haus, als gehöre es ihnen. Und solange Sie sie nicht vertreiben, stimmt das auch. Honiggläser, Cornflakesschachteln, Badewannen, Küchenschränke, Laptops – nichts ist ihnen heilig! Einmal hat jemand zwei Ameisen in seiner Superman-Zahnbürste entdeckt. Direkt nach dem Putzen. Gegen Ameisen ist selbst Superman machtlos.

WAS JETZT?

Es gibt viele Hausmittel. Bei den meisten kommen Zitronensaft, Essig oder Tabascosoße vor. Lange gab es keine Beweise für oder gegen eine Methode – bis jetzt!

Vor einiger Zeit begann die California Academy of Sciences eine Studie, bei der Bürger verschiedene Hausmittel ausprobieren und ihre Erfahrungen mitteilen sollten. Der Sieger steht noch nicht fest, bisher liegen Zitrone und Zimt an der Spitze. Warum? Das Forscherteam weiß es nicht. Und was ist mit all den anderen Zaubermixturen? Vermutlich bloß Hokuspokus …

Bevor Sie einen Schädlingsbekämpfer zu Hilfe holen, sollten Sie nicht nur die Kosten bedenken, sondern auch den Einsatz von Chemikalien in Ihrem Haus oder Ihrer Wohnung.

Die beste Strategie ist, die Zugangswege der Ameisen abzudichten. Nehmen Sie, wenn es sein muss, Vaseline oder ein handelsübliches Abwehrmittel.

Und ja, auch Köderdosen für Ameisen helfen – allerdings nur vorübergehend.

AMEISEN IM KLEINBUS

von McKenzie Funk, Journalist und Autor

Manches im Leben sieht man nicht kommen. Bei mir waren es das Erwachsensein, ein 2008er Toyota Sienna und Ameisen.

Ersteres überwältigte mich als Tsunami aus Heirat, Hauskauf und Kindern sowie Verpflichtungen, die mich an Seattle banden. Plötzlich interviewte ich nicht mehr Soldaten im Ausland, sondern kämpfte mit einem Bauunternehmer, der viel kostete und nichts konnte. Als er floh, hinterließ er ein großes Chaos und einen noch größeren blauen Industriestaubsauger.

Die Ameisen, die schon vor uns im Haus waren, blieben. Wir hatten uns an sie gewöhnt. Sie marschierten immer paarweise, zerdrückt rochen sie nach Zitronengras. Aber dann drangen sie in den Minivan ein.

Kein Mann träumt von einem Minivan. Doch an einem Tag im Frühjahr wurde er mein Albtraum. Die Schiebetür glitt auf, die Kindersitze bebten. Ich sah – Ameisen! Überall. Sie waren auf meinen Armen, meinem Kopf, in den Sitzen, sie bedeckten den Boden – Tausende und Abertausende von Ameisen.

Ein Ökologe verstünde sofort, warum sie sich eine warme Umgebung mit Resten von Apfelschnitzeln und Butterkeksen suchten. Aber in der Schlacht denkt man nicht an Ökologie.

Entsetzt und mit ameisenschwarzen Händen warf ich Autositze und Kindersitze auf den Rasen, dann fiel mir der seit sechs Jahren unbenutzte Staubsauger ein. Damit arbeitete ich mich systematisch vor, Zentimeter um Zentimeter, die Ameisen hatten keine Chance.

Genugtuung. Macht. Manche Soldaten sind fasziniert von der Maschinerie des Kriegs, den Waffen in ihren Händen. Ich hockte erschöpft in einem Minivan, umklammerte den stärksten Staubsauger der Welt – und konnte sie plötzlich verstehen.

BÄR

/ *Auch bekannt als:* Schwarzbär.

WO Im Norden der USA und im Süden von Kanada.

GRÖSSE Ein sehr gemütliches Sofa.

/ *Auch bekannt als:* Braunbär, Grizzlybär
oder Bruno, der Problembär.

WO Im Nordwesten der USA; Braunbären auch in Europa und dem asiatischen Teil Russlands.

GRÖSSE Zwei- bis fünfmal so schwer wie ein großer Kühlschank.

Bären in der Wildnis zu sehen ist ebenso beeindruckend wie furchterregend. Oder nervenaufreibend: Wenn sie im Skigebiet auf den Stufen einer Ferienwohnung auftauchen, während der Bewohner, im Schrank verschanzt, alles mit dem Smartphone filmt und dann ins Internet stellt.

Dort kursieren zahllose Filmchen von Bären an Orten, wo sie nicht sein sollten: über eine Windschutzscheibe kletternd, auf dem Rücksitz weint ein Baby; bei einer Poolparty in Connecticut … Mir ist ein Fall zu Ohren gekommen, in dem eine Familie noch warme Brownies zum Abkühlen auf das Fensterbrett stellte und spazieren ging. Als sie zurückkam, hatte ein Bär von ihrem Tellerchen gegessen, die Brownies waren weg.

Begegnungen mit Schwarzbären nehmen zu, sagt Ann Bryant, Leiterin eines Naturschutzzentrums in Nevada. »Vor zwanzig Jahren bekamen wir fünf Anrufe pro Tag, heute sind es zweihundert.« Immer mehr Touristen, aber auch immer mehr Einheimische dringen in Bärenreviere vor, lernen aber nicht, wie man mit ihnen lebt: Fenster bleiben offen, Lebensmittel stehen im Freien, Abfalleimer quellen über.

»Fünfzig Prozent unserer Zeit reden wir mit Idioten«, sagt Bryant. Idioten wie der Vater, der seinem Zweijährigen Erdnussbutter auf die Nase schmierte und auf einen Bären wartete, der das ablecken würde (Spitzenfoto!). Oder der Kerl, der von seiner

Hintertür bis zu seinem Sofa eine Plätzchenspur legte, weil es doch lustig wäre, einen Plätzchen fressenden Bären beim Fernsehen zu filmen.

Bitte füttern Sie Bären nicht. Denn wenn sie sich zu sehr an uns gewöhnen, werden sie für sich und für uns zur Gefahr.

WAS JETZT?

Wenn ein Schwarzbär in dicht besiedelten Gegenden – genauer gesagt: Ihrer Auffahrt, Ihrer Terrasse, Ihrem Campingplatz – auftaucht, müssen Sie sich nur ungastlich verhalten: in die Hände klatschen, aufstampfen, schreien, an die Fensterscheibe bollern. Er wird fliehen. Auch Wasserpistolen, Wasserbälle, Kiesel (auf seine Rückseite geworfen) vertreiben ihn. »Schwarzbären sind große Hühner«, sagt Bryant.

Wenn Sie einen Schwarzbären oder gar einen Grizzly in der Wildnis sehen, sozusagen in seinem Wohnzimmer, wird es schwieriger. Seien Sie ein guter, respektvoller Gast. Die wichtigste Regel: Bleiben Sie ruhig (klar!). Schreien Sie nicht, drehen Sie ihm nicht den Rücken zu. *Rennen Sie nicht los*, er wird Sie verfolgen. (Bären erreichen bis zu fünfzig Kilometer pro Stunde.) Halten Sie Distanz. Sagen Sie laut und in Ihrer mildesten Yoga-Lehrerinnen-Stimme: »Hallo, Bär, ich bin ein Mensch. Mach dich bitte umgehend vom Acker«, und gehen Sie dabei langsam rückwärts in die Richtung, aus der Sie gekommen sind.

Die entscheidende Frage ist nicht Schwarzbär oder Braunbär (Schwarzbären können auch braun sein), sondern sein Verhalten. Achten Sie auf seine Signale.

Entweder er hat Angst und will, dass Sie verschwinden (defensiv), oder er will Sie töten und fressen (das Raubtier). Ohne Panik verbreiten zu wollen: Die Klärung der Frage drängt.

Defensives Verhalten: angelegte Ohren, sehr unruhige Pfoten, Schnaufen. Schwarzbärenjunge klettern vielleicht auf einen Baum.

Ihr Verhalten: Gehen Sie, zur Seite gewandt, langsam rückwärts, meiden Sie Augenkontakt. Wirken Sie so unbedrohlich, wie Sie es tatsächlich sind.

Raubtierverhalten: aufgestellte Ohren, aufgerichteter Kopf, fixiert Sie, kommt ruhig auf Sie zu.

Ihr Verhalten: Machen Sie sich groß. Sehen Sie ihm in die Augen. Schreien Sie. Werfen Sie was auch immer. Seien Sie einschüchternd: Zeigen Sie, wer hier (angeblich) der Boss ist.

Sehr wahrscheinlich wird der Bär verschwinden. Sollte er angreifen, wird es schwierig. Ist er defensiv – das sind die meisten –, dann blufft er. Vermutlich. Dies ist der Moment für Hoffen und Beten.

Alles in Ihnen schreit: *wegrennen*. Aber rennen Sie keinesfalls! Bleiben Sie stehen und sprühen Sie Ihr Bärenspray – 98 Prozent derer, die es (richtig) benutzen, bleiben unbeschadet. Tröstlich.

Sollte ein Bär die Pranke gegen Sie erheben …

Schwarzbär oder Grizzly mit Jungen: Stellen Sie sich tot.

Männlicher Schwarzbär: Zurückkämpfen. Wenn möglich.

Männlicher Grizzly: Ist der Bär defensiv? Tot stellen. Angreifend? Kämpfen Sie um Ihr Leben.

Schwarzbärpopulation: 650 000, anwachsend. / Grizzlypopulation: Zehntausende in British Columbia und Alaska, in den übrigen USA nur etwa 1800. / Bären fressen 25 000 Kalorien am Tag. / Zwischen 2010 und 2017 starben in den USA zwanzig Menschen durch Bärenangriffe. / Die größte Braunbärenpopulation Europas außerhalb Russlands lebt in den rumänischen Karpaten. Dortige Behörden melden für die letzten Jahre eine starke Zunahme von Angriffen.

GRIZZLYS IN ALASKA

von Peter Fish, Schriftsteller und Publizist

Ich glaubte, mich zu einer Gruppenreise angemeldet zu haben. Dabei dachte ich an ein paar Naturliebhaber, einen munteren Führer, Rucksäcke mit Bärenlogos. Erst in dem winzigen Wasserflugzeug begriff ich, dass man mich auf einer Insel absetzen und dort bis zum Abend allein lassen würde. Es sei denn, das Flugzeug würde wetterbedingt erst einen Tag später zurückkommen können. Oder zwei.

Während des 45-minütigen Flugs dachte ich über diese Möglichkeit sowie eine »Bärenschutz«-Broschüre nach: Wandern Sie in Gruppen (zu spät). Lassen Sie die Bären wissen, dass Sie da sind (wurde ihnen mein Besuch angekündigt?). Singen oder sprechen Sie laut (Singen?!). Rennen Sie keinesfalls los.

Ich stapfte an Land, winkte dem Flugzeug hinterher, krähte Katy Perrys »California Gurls« und wanderte in Richtung Bach.

Da waren sie: eine zimtfarbene riesige Bärin mit zwei braunen Jungen, die Mutter schwerfällig, die Kleinen purzelten hinterher; weitere Tiere kamen und gingen. Der Fluss gehörte ihnen, gewaltige Pranken mit scharfen Klauen angelten Lachse, sie wurden gefressen, Reste platschten ins Wasser.

Ich war überwältigt. Als Angehöriger der Art, die die Grizzlys an den Rand der Ausrottung gebracht hat, fühlte ich mich außerdem schuldig. Starke Emotionen. Doch man kann nicht zehn Stunden am Stück starke Emotionen haben. Schon gar nicht bei Nieselregen.

Ich bekam Hunger, hatte aber aus naheliegenden Gründen keine Verpflegung dabei. Waren die Bären den Lachs langsam leid, sahen sie in meine Richtung? Was, wenn sie angriffen? *Niemals rennen*. Was in aller Welt tat ich eigentlich hier, ganz allein?

In der Dämmerung wanderte ich zurück, Katy Perry jetzt eher ein Murmeln. Das Wasserflugzeug war verspätet. Aber es holte mich.

BETTWANZE

/ *Auch bekannt als:* Wanze, Hauswanze.

WO In Matratzen und an zahllosen weiteren Stellen, vor allem im Sommer.

GRÖSSE Apfelkern oder Linse, klein, aber sichtbar.

Bettwanze ist irreführend. Die winzigen Quälgeister leben nicht nur in Betten, sondern in Hotelzimmern, Wohnungen, Millionärsvillen sowie – ja, leider – in Theatersesseln, Taxis und im Rücken von Bibliotheksbüchern.

Und Wanzen nehmen explosiv zu. Hotels in Manhattan verzeichnen jedes Jahr 44 Prozent mehr Beschwerden. Falls sie Sie – in Ihrer Kleidung oder in Ihrem Koffer – nach Hause begleiten, ist es fast unmöglich, diese Blutsauger wieder loszuwerden. Ja, genau das tun sie: Sie saugen Ihr Blut – und Sie merken es nicht einmal. Wanzen verursachen juckende Quaddeln, dann wuseln sie fort, verdauen, haben Sex und legen Eier, bevor sie zu einer neuen Attacke zurückkommen. Es ist ein erbarmungsloser Kampf, der Schlaflosigkeit, posttraumatische Belastungsstörungen und Scheidungen nach sich ziehen kann.

WAS JETZT?

Bestellen Sie augenblicklich den Schädlingsbekämpfer und beginnen Sie sofort damit, alles minutiös zu durchsuchen: Schubladen, Nachttische, Schränke. Bettwanzen verstecken sich im Bettgestell, hinter Spiegeln und Tapeten, in Teppichen und Sofas. Lassen Sie keine Fältchen aus, saugen Sie pausenlos (Staubsaugerbeutel sofort in Plastikbeutel verschließen und wegwerfen!). Tauschen Sie das Holzgestell gegen einen Metallrahmen, auf Metall rutschen sie ebenso aus wie in Badewannen (rein in die Wanne!). Waschen und trocknen Sie alles bei hohen Temperaturen. Kleinere Dinge bleiben drei Tage bei minus 18 Grad in der Tiefkühltruhe, alles andere wandert (für bis zu einem Jahr) in große, dicht schließende Ziplock-Beutel. Werfen Sie Sachen weg, bis Ihre Wohnung aussieht wie aus einem Möbelkatalog. Jetzt ist nicht der richtige Moment für Nostalgie.

Da Bettwanzen weder Hitze noch Kälte ertragen, können Schädlingsbekämpfer Ihre Räume mit fünfzig Grad heißer Luft *ent*-wanzen. Es gibt auf Bettwanzen abgerichtete Hunde, die die Parasiten aufspüren, wo Sie sie übersehen haben.

Bettwanzen können 18 Monate ohne Nahrung leben. Selbst wenn Sie vorübergehend auszögen, wären sie bei Ihrer Rückkehr noch da. / Siebzig Prozent der Gebissenen reagieren auf den Biss, dreißig Prozent nicht. *Möglicherweise wissen Sie gar nicht, dass Sie Bettwanzen haben.* / Ihre Schuld ist es nicht, es besteht kein Zusammenhang zwischen Sauberkeit und Bettwanzen. Bei Kakerlaken hingegen schon …

MOTEL

Don't let
The
Bed bugs
Bite…

BETTWANZEN IN DAUERSCHLEIFE

von Brooke Borel, Journalistin und Autorin

Wenn man sich ständig vorstellt, wie Blutsauger über das Laken krabbeln, wird Einschlafen schwierig.

Ich schlief seit zwei Monaten nicht mehr. Morgens kroch ich mit juckenden Quaddeln übersät aus dem Bett. Erst dachte ich an Zecken, als es mehr wurden, an Spinnen. Ich kratzte mich, bis die Haut entzündet war. Ein Biss schwoll an, am Ende sah meine Wade aus, als umschließe sie einen Baseball.

Irgendwann hatte meine rätselhafte Plage einen Namen: Bettwanzen.

Ich warf mein Bettzeug raus, leerte alle Schubladen, saugte stundenlang jede Ritze im Parkett meiner Mietwohnung.

Sie sind linsengroß, aber gewitzt. Ich hatte nie eine *gesehen*. Aber sie waren da, verseuchten meine Wohnung, terrorisierten mein Denken.

Ich stand im Neonlicht des Waschkellers und schob hektisch mein gebündeltes Leben in eine Waschmaschine mit Münzeinwurf. Auf der Matratzenauflage sah ich einen dunklen Fleck. Flusen? Ich guckte genauer hin – und blickte meinem Peiniger ins Auge.

Ich war, wie gesagt, übermüdet. Das war wohl der Grund für meine schlechten Bettwanzenmanieren. Jedenfalls rastete ich aus. Ich schnickte das Ungeziefer, so fest ich konnte, weg und guckte nicht, wo es landete. Vielleicht auf der ordentlich gefalteten sauberen Wäsche in der Ecke?

Nachbarn, vergebt mir.

BIENE, HUMMEL, WESPE UND HORNISSE

/ *Auch bekannt als:* Hautflügler, Stechimmen.

WO Überall – gern auch als ungeladene Gäste eines Sommerpicknicks.

GRÖSSE Wie eine Büroklammer.

LAUTE Bedrohlich klingendes Summen mit den Flügeln.

Stationen des Erwachsenwerdens: das erste Mal, der erste Strafzettel, der erste Big Mac, der erste Bienenstich. Nicht zwingend in dieser Reihenfolge, aber Letzterer kommt – und die Stiche werden häufiger. Sogar in Alaska. Dort stieg die Zahl der Notfallpatienten mit »problematischen Stichen« um fast fünfzig Prozent.

Bienen, Hummeln, Wespen und Hornissen – im Idealfall ignorieren wir sie. Aber Melonen wollen gegessen, Rasen gemäht, Beete gejätet werden. Und dann passiert es. Man möchte nur einen Busch beschneiden und stört ein riesiges Wespennest.

Etwa 3,5 Prozent der Deutschen reagieren allergisch auf Insektenstiche. Das löst Schweißausbrüche, Schwellungen und Ohnmachten aus. Schlimmer ist, dass jährlich etwa zwanzig Todesfälle auf Stiche von Bienen, Hummeln, Wespen oder Hornissen zurückzuführen sind. Beugen Sie also vor.

WAS JETZT?

Locken Sie die Insekten nicht an: kein Parfüm, kein Eau de Cologne. Aber unbedingt Deodorant, Körpergeruch zieht sie nämlich an (insbesondere Wespen), Schweiß macht sie sogar aggressiv. Und müssen Sie auf Blumenmuster verzichten? Totaler Quatsch.

Schlagen Sie nicht nach Bienen, die Sie umschwirren, das macht sie wütend. Bleiben Sie stocksteif stehen. Auf einen Baumstamm getreten und plötzlich mitten in einem Schwarm? *Rennen Sie!* Die Bienen sind etwa so schnell wie Sie, geben aber meist früher auf. In den See springen nützt nichts: Sie warten, bis Sie wieder auftauchen.

Bienen stechen nur einmal, denn ihr Stachel bleibt stecken. Ziehen Sie ihn raus, *sofort*, bevor das Gift sich verbreiten kann. Drücken Sie nicht, das macht es schlimmer. Schnipsen Sie ihn mit dem Fingernagel weg. Wespen, Hummeln und Hornissen dagegen lassen nicht ab, wenn sie einmal zugestochen haben, sondern machen weiter. Waschen Sie die Stelle mit Seife und kühlen Sie sie. Wenn Sie Nesselausschlag oder Atemnot bekommen, injizieren Sie sofort Ihre Notfallspritze und/oder rufen Sie den Notdienst.

Ohne Allergie sind ein oder zwei Stiche nicht schlimm. Aber wenn Sie sehen wollen, was zwei Wespenstiche bewirken können, googeln Sie – wie Millionen vor Ihnen – *bee-stung lips Jose*. Er hat nur seine Autoschlüssel im Garten gesucht …

WO TUT EIN STICH AM MEISTEN WEH?

»Am schlimmsten ist die Zunge, dann das Nasenloch«,
sagt Justin Schmidt, der Bienenexperte wurde mindestens
tausendmal gestochen. *Überallhin.*

UND DENNOCH

Bitte behandeln Sie Bienen und Hummeln mit Respekt
und Dankbarkeit – ohne sie gäbe es keine Blumen, keine
Äpfel, keine Birnen, keine Pfirsiche, keine Kirschen …

BISON

/ Auch bekannt als: Büffel.

WO Streift seit Urzeiten über die Great Plains, jetzt vor allem im Yellowstone-Nationalpark. Er ist mit dem in Europa vorkommenden Wisent verwandt.

GRÖSSE Bis zu 900 Kilo, das schwerste Säugetier Nordamerikas (kommen Sie ihm also nicht in die Quere).

LAUTE Hohes Blöken, tiefes Grollen, leises Grunzen.

Vor einhundert Jahren waren Bisons fast ausgerottet. Siedler hatten fünfzig Millionen Tiere getötet – als Nahrung, zum Vergnügen und um die amerikanischen Ureinwohner zu ärgern, für die Bisons heilige Tiere sind. Heute leben in Nordamerika nur noch etwa 30 000 wilde Bisons und etwa 400 000 auf Ranches.

Bison-Burger sind seit einiger Zeit sehr verbreitet. Ebenso verbreitet ist die Ahnungslosigkeit im Umgang mit lebenden Tieren. Aus irgendeinem Grund meinen viele, sie müssten Bisons tätscheln, Selfies mit ihnen machen oder ein süßes Junges knuddeln, weil es zu frieren scheint. Bisons sind massig, pelzig und gut isoliert, sie frieren *nie*. Aber sie sind nervös. Wenn sie sich erschrecken, sollten Sie ihnen aus dem Weg gehen. Und beten.

WAS JETZT?

Wenn ein Bison eine Straße blockiert: Fahren Sie langsam, seien Sie geduldig, warten Sie, bis er geht. Kein Hupen, kein Gas geben, genießen Sie entspannt den Anblick. Manchmal, sehr selten, greift ein Bison ein Auto an – oder einen Touristen, der so dumm war, auszusteigen. Auf Wander- oder Radtour? Halten Sie mindestens einhundert Meter Abstand, vor allem in der Paarungszeit; im Juli und August sind Bisonkühe mit einem Jungen gefährlich. Wenn ein Tier mit den Hufen scharrt oder den Kopf schüttelt, schnaubt, den Schwanz hebt oder gar – mit sechzig Kilometern pro Stunde – mit seinen gebogenen Hörnern auf Sie zudonnert: Viel Glück!

SELFIE-WAHN

2015 wurden fünf Besucher des Yellowstone-Parks von einem Bison verletzt. Sie standen nicht einmal zwei Meter von ihm entfernt. Die Sicherheitsregeln des Parks schreiben mindestens 25 Meter vor.

EICHHÖRNCHEN

/ Auch bekannt als: Eichkätzchen.

WO Flitzt überall, wo Bäume sind.

GRÖSSE Größer als ein Hamster, kleiner als ein Häschen.

Viele Menschen mögen Eichhörnchen, *sehr* sogar. Eine Kunstlehrerin in Idaho staffiert sie mit Mini-Tiaren, Zylindern und Groucho-Marx-Brillen aus. Das sind nicht ihre Haustiere, sondern wild lebende Nager, die sie manchmal zum Spielen einlädt und dann in die Natur zurückschickt. Ebenfalls in Idaho hat ein zahmes Eichhörnchen namens Jill einen Einbrecher abgeschreckt, wodurch es umgehend zur Berühmtheit wurde. Sehen Sie sich Jills Instagram-Seite *This Girl is a Squirrel* mit über 500 000 Abonnenten an, und so albern es klingt: Danach wollen auch Sie ein Eichhörnchen.

Es sei denn, Sie sind Gartenbesitzer. Eichhörnchen graben die Erde um. Knabbern an Tulpen. Fressen Tomaten. Sie warten, bis sie perfekt reif sind, und schnappen sie sich, bevor Sie dazu kommen. Eine Gärtnerin schwört, dass ihr die Tiere sogar in die Augen schauen, bevor sie zuschlagen.

WAS JETZT?

Gartenseiten im Internet sprudeln über vor Lösungstipps. Man kann es mit Abwehrsprays versuchen. Angeblich hilft das Verstreuen von Hunde- oder Menschenhaaren (vielleicht brauchen Sie sowieso gerade einen Haarschnitt?). Man kann Pflanzen mit einem gut verankerten (!) Draht schützen, den ganzen Garten mit Chilipulver bestäuben oder mit einem Sud aus Cayennepfeffer und Zwiebeln besprühen.

Pflanzen Sie auf jeden Fall mehr Narzissen, die mögen Eichhörnchen nicht. Wie wäre es mit einer Katze? Dann könnten Sie das pelzige Problem allerdings auf Ihrem Türabtreter oder dem Wohnzimmerteppich wiederfinden.

UNTER STROM

Eichhörnchen knabbern Internet- oder Stromleitungen an und haben erheblich mehr Netzausfälle zu verantworten als alle Hacker zusammen. Die auf dergleichen spezialisierte Webseite *CyberSquirrel1* verzeichnet 600 Vorfälle seit 1987. 2011 knabberte ein Tier bei Frankfurt/Main eine Oberleitung an, der Kurzschluss legte den Zugverkehr am Hauptbahnhof lahm.

In Alaska werden mehr Menschen von Elchen verletzt als durch Bären. / Elche sind Pflanzenfresser, sie verschlingen im Sommer pro Tag siebzig Pfund Blätter und Gras, jedoch niemals Sie. / Aber Menschen essen Elche, und Elchnase gilt manchen als Delikatesse.

ELCH

/ *Auch bekannt als:* Elen, Elk.

WO In kälteren Regionen, vor allem Nordeuropa, Kanada und einigen US-Staaten.

GRÖSSE Wie ein sehr großes Kaltblutpferd.

LAUTE Meist still, nur in der Brunft brüllt und ächzt er.

Der Elch ist dank Zeichentrickserien und Cartoons das vielleicht missverstandenste Tier der Welt: ein sanfter Gigant mit treuem Blick, wuchtigem Körper, knubbeligen Knien, langer Nase und diesem zotteligen Kinnbart.

Der Bestand wächst überall dramatisch, Elche werden häufiger und an unpassenden Orten gesichtet: im Stadtzentrum von Oslo, in einem schwedischen Garten mit einer Wäschespinne kämpfend, im gestreckten Galopp auf einem Bostoner Bürgersteig und immer häufiger auch im östlichen Brandenburg. In Kanada lecken Elche Salz von Autos, in denen Menschen sitzen. In Aspen griff einer eine Frau an, die mit ihren Hunden spazieren ging. Wie die meisten, die von Elchen attackiert werden, kam auch sie glimpflich davon. Ein bis zwei Menschen sterben im Jahr bei solchen Begegnungen, gefährlicher sind Zusammenstöße mit Autos: Dabei sterben mehr Elche als Menschen, jährlich viele Tausend.

Elche sind keine Raubtiere, fürchten aber wenig, auch Menschen nicht. Sie greifen nur an, wenn sie sich bedrängt fühlen, und sobald eines dieser massiven Tiere mit seinen messerscharfen Hufen und kräftigen Beinen wütend wird – was vor allem bei Bullen in der Brunft und Elchkühen mit Kälbern vorkommt –, heißt es *Vorsicht!* Ein Wildschützer aus Colorado warnt: »Elche können Ihnen viel gefährlicher werden als Bären oder Pumas.« Na prima.

WAS JETZT?

Nehmen Sie sich den Hinweis eines Wildhüters aus Alaska zu Herzen: »Sehen Sie in jedem Elch einen Serienkiller, der mit geladener Knarre auf dem Weg steht.«

Also gut. Wenn Sie direkt auf einen Elch treffen, entfernen Sie sich langsam rückwärts, Handflächen nach vorn. Wenn seine Ohren nach hinten weisen, sich die Nackenhaare aufrichten, er die Lippen schürzt oder pinkelt, könnte er gleich angreifen. Anders als bei Bären sollten Sie so schnell wie möglich wegrennen. Ein Elch kann Sie leicht einholen, wird Sie aber vermutlich nicht verfolgen. Sie sind kleiner als das 800 Kilogramm schwere Tier, verschanzen Sie sich also hinter einem Felsen oder einem Baum. Noch besser: Klettern Sie auf den Baum. Falls der Elch angreift: Stellen Sie sich sofort tot.

ESEL

/ *Auch bekannt als:* Langohr, Grautier.

WO Vor allem in Afrika und China, nur ein kleiner Prozentsatz der weltweit 41 Millionen Esel lebt in Europa und Nordamerika.

GRÖSSE Bis zu 500 Kilo, aber es gibt niedliche Zwergesel von der Größe eines Handköfferchens.

LAUTE Wiehern und Schreien – ein richtiges Iah.

Es gibt die Pferdeliebhaber, Katzenliebhaber, Hundeliebhaber und viel mehr Eselliebhaber, als man meinen sollte. So viele, dass sie in den USA sogar eine eigene Zeitung haben.

»Ich glaube, seit dem Ende des 19. Jahrhunderts wurden nicht mehr so viele Esel als Haustiere gehalten wie heute«, sagt Steve Stiert, der an einer amerikanischen Universität Seminare über Esel gibt und im Hudson Valley eine Eselhaltergruppe mit 600 Mitgliedern leitet.

In Arizona füttern Touristen wilde Esel mit Karotten, in Colorado werden Wettrennen zwischen Mensch und Packesel veranstaltet. Esel tragen auf Wandertouren das Gepäck von Rucksacktouristen, bewachen auf Bauernhöfen Schweine, halten auf großen Grundstücken den Rasen kurz.

Und es kann, wirklich sehr selten, vorkommen, dass diese sanftmütigen, überdimensionierten »Hunde« – die gern zwischen den Ohren gerubbelt werden und Freunde fürs Leben sind – angreifen.

Sie sind außerordentlich territorial. Wenn sie sich bedroht fühlen, attackieren sie, keilen aus und beißen Sie mit ihren gewaltigen Eselzähnen in den Hintern.

WAS JETZT?

Sie können nicht viel tun, außer sich schleunigst zu entfernen. Schaffen Sie keine bedrohlichen Situationen. Eselinnen sind berechenbarer als männliche Tiere, also lassen Sie Ihren Esel kastrieren. Verstehen Sie Warnsignale: angelegte Ohren, wedelnder Schwanz, pendelnder Kopf – ganz schlecht. Drehen Sie einem Esel nie den Rücken zu. Schneiden Sie ihm nicht den Weg ab, gehen Sie nicht in das Gehege eines fremden Tiers. Und halten Sie weiten Abstand zu seinem Hinterteil.

Esel fressen vor allem Gras, jährlich etwa 3000 Kilo. / Esel leben etwa dreißig Jahre (der älteste bekannte Esel wurde 55 Jahre alt; Suzy aus New Mexico). / Esel töten vor allem kleine Hunde, keine Menschen. Allerdings hat unlängst ein 250-Kilo-Tier den Bürgermeister einer texanischen Kleinstadt zu Tode getrampelt.

FLEDERMAUS

/ *Auch bekannt als:* Flattertier.

WO Hängt millionenfach kopfüber in Höhlen, Schornsteinen und von Dachsparren.

GRÖSSE Wiegt etwa 150 Gramm, so viel wie ein Baseball, die Flügelspannweite beträgt dreißig Zentimeter.

LAUTE Schreit lauter als ein Düsenflugzeug, allerdings im für den Menschen nicht hörbaren Ultraschall-Frequenzbereich.

Fledermäuse fressen Insekten – zum Glück, denn die würden uns sonst überrennen, und unser Ökosystem wäre völlig aus der Balance. Als störend empfinden wir Fledermäuse nur an Sommerabenden. Sie fliegen heran, wenn wir auf der Terrasse gemütlich Wein trinken, oder erschrecken uns im Schlaf.

Ernsthafte Sorge um die eigene Gesundheit braucht allerdings nur der zu haben, der erwachsene Fledermäuse mit bloßen Händen (womöglich noch mit einer offenen Wunde) anfasst, sodass er riskiert, gebissen zu werden, und Erreger in die Blutbahn gelangen können. Der Biss allein ist also nicht schlimm – wäre da nicht die Tollwut. Tollwutfälle, die nachweislich durch Fledermäuse übertragen werden, sind aber ausgesprochen selten.

WAS JETZT?

Auch wenn die Chance, durch einen Fledermausbiss Tollwut zu bekommen, *extrem* gering ist, sollten Sie die Bisswunde gründlich mit Wasser und Seife reinigen und sofort einen Arzt aufsuchen.

Und wie verscheuchen Sie Eindringlinge aus Ihrem Schlafzimmer? Sie können es Fachleuten überlassen. Die sind um drei Uhr morgens allerdings rar, also ziehen Sie (wichtig!) Lederhandschuhe an, nehmen eine Plastikdose mit Deckel, nähern sich vorsichtig und stülpen die offene Dose über das Tier. Schieben Sie den Deckel darunter, verschließen Sie die Dose blitzartig und lassen Sie das Tier draußen frei. Töten Sie es nicht, es ist geschützt. Oder öffnen Sie einfach das Fenster. Oft findet Ihr Gast allein raus.

Nein, Ihre Haare interessieren Fledermäuse nicht, sie umschwirren nur Ihren Kopf. / Eine Langohrfledermaus vertilgt stündlich 1000 Moskitos. / Fledermäuse sind bedroht, eine Krankheit namens Weißnasensyndrom dezimiert sie weiter. / Begegnen Sie Fledermäusen mit Respekt: Sie wirken unheimlich, aber wir brauchen sie.

FRUCHTFLIEGE

/ *Auch bekannt als:* Taufliege, Obstfliege, Essigfliege, Drosophila.

WO In Ihrer Küche.

GRÖSSE Zwischen Ameise und Stubenfliege.

Sie sieht auf dem Küchentisch so schön aus: die große Schale mit Beeren, Kirschen, Pfirsichen und Pflaumen, die man gerade vom Bauernmarkt geholt hat. Was nach einigen wenigen warmen Sommertagen davon noch übrig ist, wird vermutlich übrig bleiben. Denn jetzt ist Ihre ursprünglich so dekorative Obstschale mit Fruchtfliegen übersät. Wie ein Mülleimer.

Wenig später ist Ihre Küche schwarz von diesen Viechern. Sie legen bis zu 500 Eier auf einmal – alle auf Ihre überreifen Avocados – und sind nicht wegzukriegen.

WAS JETZT?

Geben Sie Ihre Fruchtschalenträume auf und kühlen Sie Obst, wenn möglich. (Kalte Trauben schmecken sowieso besser.) Halten Sie Küchenfenster geschlossen. Fliegengitter helfen nicht, die winzigen Insekten schlüpfen durch. Lassen Sie einen Ventilator laufen, wischen Sie den Boden besonders sorgfältig. Säubern Sie regelmäßig alle Abfalleimer in der Küche, werfen Sie Einmach- und Marmeladengläser nur ausgespült weg.

Um Fruchtfliegen zu vernichten, müssen Sie sie ertränken. Stellen Sie also eine Flüssigfalle auf, beispielsweise eine Flasche naturtrüben Apfelessig. Verschließen Sie die Öffnung mit Plastikfolie und piksen Sie mit einem Zahnstocher Löcher hinein, durch die eine Fruchtfliege passt. So kommen sie rein, aber nicht mehr raus. Eine Flasche Limonade mit durchlöchertem Deckel geht auch. Nur eines lieben sie mehr als Cola: Wein. Geben Sie in eine fast leere Flasche Roten noch einen Spritzer Spülmittel und ein Stückchen überreife Banane, in den Flaschenhals setzen Sie einen Papiertrichter. Bye-bye. Bis zum nächsten Mal.

Da die an Fruchtfliegen entdeckten Erbinformationen auch für den Menschen große Bedeutung haben, lieben Forscher die winzigen Tiere. Das sollten wir im Namen der Wissenschaft auch. / Trotz ihres Namens vermehren sie sich überall, wo etwas fermentiert: auf Mülldeponien, in Abfalleimern, Abflüssen, Putzeimern, leeren Bierdosen. (Ein weiterer Grund, direkt nach einer Party aufzuräumen.)

FUCHS

/ *Auch bekannt als:* Reineke.

WO Schleicht durch Wälder, über Felder und leider auch in Hühnerställe.

GRÖSSE Wie ein Border Collie.

LAUTE Selten zu hören, aber achten Sie auf Jaulen oder lang gezogene Schreie.

Früher war es eine große Sache, wenn man einen Fuchs sah, weil das so selten vorkam. Aber ob rot, grau, arktisch oder nordamerikanischer Kitfuchs – in letzter Zeit tauchen sie überall auf, in New York ebenso wie in London, 2013 zog eine komplette Fuchsfamilie auf das Gelände der Facebook-Zentrale in Kalifornien.

Und warum auch immer: Weder die Städter noch die Hausbesitzer in den Vorstädten flippen deswegen aus. Mark Zuckerberg war über seine neue Fuchsfamilie so entzückt, dass er das Firmengelände von Facebook in Menlo Park zum offiziellen *Lebensraum für Wildtiere* erklären ließ. Damit nicht genug, die Firma begann daraufhin, Stofffüchse mit blauen Facebook-T-Shirts zu verkaufen. Und doch soll es Menschen geben, die unter ihrer Terrasse keinen Fuchsbau samt neugeborenen Jungen haben möchten.

WAS JETZT?

Ermutigen Sie den Fuchs zum Auszug. Schikanieren Sie ihn wie ein Hausbesitzer, der Langzeitmieter wegen zu niedriger Miete loswerden will. Fuchseltern sind wie Menscheneltern: Sie wollen ein ruhiges, sicheres Zuhause für ihre Kleinen. Also versperren Sie ihren Bau mit Blättern oder stinkenden alten Turnschuhen. Knallen Sie auf Topfdeckel. Lassen Sie nachts ein Radio laufen. Stellen Sie den Sprinkler so ein, dass er jeden Morgen um vier Uhr losgeht. Wenn Sie im Park oder in Ihrem Garten ein Einzeltier sehen, ist es vermutlich weg, bevor Sie »Hau ab!« schreien können. Anderenfalls werfen Sie einen Tennisball oder richten Sie den Gartenschlauch auf ihn. Sollte er wie ein Sturzbetrunkener herumtorkeln oder mit fünfzig Kilometern pro Stunde auf Sie zurennen (was extrem selten vorkommt), ist er mit ziemlicher Sicherheit tollwütig.

Füchse leben monogam. Das ist einerseits beeindruckend, andererseits beträgt ihre Lebensdauer nur etwa drei Jahre. / Ein einziger Fuchs kann bei einem nächtlichen Überfall einen ganzen Hühnerstall ausradieren. *Coq sans vin*, ein Festmahl.

KLEINER ENGLISCHKURS

Das Verb *to goose* bedeutet, jemandem in den Po kneifen oder einen festen Schubs in den Hintern geben. Zu Recht: Wenn eine Gans auf Sie zufliegt oder -rennt – was in der Brutzeit vorkommen kann –, müssen Sie sich bücken und zugleich irgendwie Blickkontakt halten. Schlagen Sie nicht, das macht sie noch fuchtiger. Und drehen Sie einer Gans nie den Rücken zu – das könnte zu einer sehr konkreten Englischlektion führen.

GANS

/ *Auch bekannt als:* Ganter
(männliches Tier).

WO Fliegt am blauen Himmel und watschelt an Teichen, auf Spielplätzen und in gepflegten Gärten.

GRÖSSE Größer als eine Ente, kleiner als ein Schwan.

LAUTE Schnattern, Gackern, Krächzen und Trompetenrufe.

Es gibt mehrere Typen von Gänsen: Wildgänse als Zugvögel, die durchaus in Flugzeugtriebwerken landen können, halb zahme Standvögel, die in Menschennähe leben und – pardon! – von morgens bis abends scheißen, sowie Hausgänse.

In den USA und auch in einigen Parklandschaften Europas haben sich die Kanadagänse in den letzten vierzig Jahren explosiv vermehrt, in Deutschland Graugänse und einige andere Arten: In Frankfurt nimmt die Nilgans so überhand, dass 2017 einige Tiere zum Abschuss freigegeben wurden, weil ihr Kot das Brentanobad – Europas größtes Freibad – fast unbenutzbar machte.

Eine Gans drückt nämlich Tag für Tag fast eineinhalb Kilo Hinterlassenschaften heraus. Die meisten Menschen finden das widerwärtig, nicht mal im eigenen Garten kann man barfuß gehen! Hinzu kommt das Gesundheitsrisiko: Der Kot kann Kolibakterien und Salmonellen enthalten, was nicht nur Freibäder und Strände verschmutzt, sondern auch Trinkwasserreservoirs gefährdet.

In den USA sind wild lebende Gänse zu einer Plage geworden. Dort gibt es sogar den Beruf des Gänsekotbeseitigers, ihnen zur Seite stehen speziell abgerichtete Border Collies, die einmal am Tag durch Parks, über Fußballfelder und Golfplätze jagen und die Gänse vertreiben.

WAS JETZT?

Mähen Sie nicht mehr. (Ungemähte Wiesen sind sowieso gerade sehr modern.) Richten Sie Ihren eigenen Border Collie ab. Diese Hirtenhunde fressen Gänse nicht, sie rennen nur herum und scheuchen sie so lange auf, bis sie fliehen. Schmücken Sie Ihren Teich mit einem aufblasbaren Krokodilkopf. Sie können es auch mit einem großen Stofffuchs probieren, aber den müssen Sie immer wieder woanders hinstellen. Denn egal, was der Volksmund sagt: Dumm sind Gänse nicht.

HAI

/ Auch bekannt als: Menschenfresser,
allerdings zu Unrecht.

WO In allen Meeren, auch an seichten Stellen. »Ich garantiere Ihnen: Wenn Sie jemals in einem Ozean gebadet haben, waren Sie nur drei Meter von einem Hai entfernt«, sagt der Leiter der Abteilung für Haiforschung an der University of Florida.

GRÖSSE L bis XXXXL.

LAUTE Sehr, sehr still.

»Die Angst vor Haien ist völlig übertrieben«, erklärt der in Hawaii lebende Unterwasserfotograf Deron Verbeck. Er schwimmt mit ihnen. Dauernd. Während die meisten Menschen hoffen, nie einem großen Weißen zu begegnen, lebt er genau dafür. Erinnern Sie sich an Werner Herzogs beunruhigenden Dokumentarfilm über den furchtlosen Bärenliebhaber Timothy Treadwell? Verbeck ist der »Grizzly Man« der Haie, allerdings weniger durchgeknallt. Kaum sieht er einen Hai, springt er ins Wasser – und kommt ihm mit dem Fotoapparat in der Hand so nah wie möglich.

Immer häufiger nimmt er auch andere mit – ganz normale Menschen, wie er betont. *Schwimmen mit Haien* (ohne Käfig) ist als Touristenattraktion plötzlich so attraktiv wie Paragliding. Ob es an den sozialen Medien liegt, den vielen Dokumentarfilmen oder an Verbecks ästhetischen Fotos unbedrohlich wirkender Haie: Einige Menschen scheinen die Angst vor den Tieren zu verlieren.

Das ist nicht schlecht, denn auch Statistiken rechtfertigen die Panik nicht. 2016 gab es vier Todesfälle *weltweit*. Die Wahrscheinlichkeit, durch einen Haiangriff zu sterben, ist nahezu null: 1 zu 3 748 067, um genau zu sein. Ein normaler Strandtag hält größere Gefahren bereit: Ertrinken (1 zu 1134); Hitzschlag (1 zu 13 729); die *Anfahrt* zum Strand (1 zu 84).

Die Population der Weißen Haie steigt parallel zu den Robbenpopulationen, von denen sie leben. Und die Haie kehren in ihre ursprünglichen Reviere zurück, an deren Stränden wir uns häuslich eingerichtet haben – wie an den Küsten Australiens und Südafrikas oder an der amerikanischen Pazifikküste von Los Angeles aus nordwärts und um Cape Cod an der Ostküste. Als Folge der globalen Erwärmung werden die Haigebiete größer und die »Besuche« häufiger. In Cape Cod gibt es zwar Hai-Cocktails und Hai-Musikfestivals, aber die letzte tödliche Haiattacke geschah 1936. Unlängst biss dort allerdings ein Hai ein Paddelboot, wenn auch nicht die Insassen. Es wird Zeit, sich auf neue Nachbarschaften einzustellen.

WAS JETZT?

Verbeck umgibt sich seit 25 Jahren freiwillig mit Haien und wurde noch nie verletzt. Aber zweimal war es knapp. Beide Male schossen die Tiere auf ihn zu – beide Male spielte er den Angreifer, indem er den Haien den Fotoapparat auf die empfindliche Schnauze schlug. Sie drehten ab. Das ist sein Rat: »Auf die Schnauze hauen, dann rasend schnell wegschwimmen.«

Jeder Hai ab zwei Meter Länge ist potenziell gefährlich. Die Gefährlichsten – Weiße Haie, Tigerhaie und Bullenhaie – kommen bis in seichte Ufergewässer. Also Vorsicht!

Das wahre Überlebensgeheimnis ist, absolut ruhig zu bleiben. Wenn sich ein Tier nähert, schmiegen Sie sich an den Rücken eines anderen Schwimmers. Reagieren Sie nicht hektisch, warten Sie, bis es an Sie herankommt – und bewegen Sie sich dann auf den Hai zu. Das widerspricht jedem Instinkt, denn der schreit *Flucht*. Doch »genau das dürfen Sie keinesfalls tun«, sagt Verbeck. »Schwimmen Sie ihm entgegen.«

Sollte er zubeißen, kämpfen Sie. Stechen Sie in die Augen, umkrallen Sie die Kiemen, egal was: Ihr Ziel ist Überleben.

Übrigens: »Haiabwehrprodukte« wie Elektroschocks oder Magnetarmbänder sind ihr Geld nicht wert.

WIE MAN HAIE MEIDET

Schwimmen Sie in Gruppen. Tragen Sie etwas Helles, damit Sie nicht aussehen wie eine Robbe. (Warum sind Taucheranzüge immer schwarz? Die Bauchseite sollte so hell sein wie bei Fischen, dann verschwinden Sie im Sonnenlicht, wenn der Hai nach oben blickt.)

Sie haben es sicher schon einmal gehört: Menstruierende Frauen »könnten für Haie interessant sein«. Es gibt nicht genügend Daten, die diese Behauptung belegen, wer aber möglichst viele Risiken ausschließen möchte, sollte das im Kopf behalten.

Und wenn Sie nicht so verrückt sind wie Verbeck, ist alles ganz einfach: Sobald Sie einen Hai sehen, bewegen Sie sich ruhig aus dem Wasser.

HAI-STATISTIK

Ohne Zahl: Menschen, die jedes Jahr in Ozeanen baden.

1: Amerikaner, die im Durchschnitt pro Jahr durch Haiangriffe sterben.
(Wobei es durchaus unprovozierte Angriffe gibt: 2016 waren es in den USA 43,
2015 waren es 59. Davon geschahen vierzig bis fünfzig Prozent in Florida.)

10: jährliche Todesopfer durch Haiangriffe weltweit.

70 Millionen: Haie, die jährlich von Menschen getötet werden. Wer, fragen
Tierschützer, ist hier der Angreifer, wer das Opfer?

HAUSSTAUBMILBE

/ *Auch bekannt als:* Milbe.

WO In fast allen Betten, vor allem im Sommer.

GRÖSSE Mit bloßem Auge unsichtbar. Ein Glück, sonst würden Sie nie mehr schlafen.

Viele Menschen reagieren auf Milben allergisch – sie schlafen Nacht für Nacht mit dem Feind, nein: mit Millionen Feinden. Die winzigen durchsichtigen Tiere leben von den Schuppen menschlicher Haut. Ihren unsichtbaren Kot hinterlassen sie in Ihrem Bettzeug, den Decken und Kissen. Ihretwegen wachen Sie vielleicht morgens schniefend, niesend, hustend, mit Gliederschmerzen und wattigem Kopf auf, Sie keuchen, haben rote tränende Augen und eine unerträglich juckende Nase.

WAS JETZT?

Vor allem: Staub wischen. Tragen Sie dabei einen Schutz über Mund und Nase, sonst verschlimmert sich die Allergie. Milben hassen Hitze und extreme Kälte, wenn Sie nicht nach Mauretanien oder Grönland umziehen wollen, können Sie Kissen, Stofftiere und Lieblings-T-Shirts ein paar Stunden in die Gefriertruhe packen.

Waschen Sie Ihr Bettzeug wöchentlich bei mindestens sechzig Grad. Lassen Sie Sonne in Ihr Schlafzimmer. Räumen Sie auf, saugen Sie ständig alles: Vorhänge, Matratzen,

Teppiche (nackte Dielen sind besser). Lüften Sie alles hin und wieder im Freien, verwahren Sie es in milbendichten Beuteln. Werfen Sie – das ist jetzt hart – alle Wollpullover weg (wegen Ihrer Hautpartikel ist Wolle die Lieblingsspeise der Milben).

Empfehlenswert ist ein Entfeuchter, bei Feuchtigkeit vermehren Milben sich schneller. Alles sollte locker und luftig, keinesfalls klamm sein. Schütteln Sie also morgens Ihr Bett auf.

Weibliche Milben legen pro Tag ein bis drei Eier. / Eine Milbe produziert am Tag etwa zwanzig Kotkügelchen. / Die Zahl der Milben in Ihrer Matratze bewegt sich zwischen 100 000 und 10 000 000 (Träumen Sie was Schönes!).

HAUSGEMACHTES MILBENSPRAY

Mischen Sie in einer Sprühflasche je zwei Teelöffel Eukalyptus- und Pfefferminzöl mit einem halben Liter Wasser. Schütteln und Bettzeug, Kleidung und Teppiche damit besprühen – oft.

HIRSCH UND REH

/ *Auch bekannt als:* Schalenwild,
Geweihträger.

WO Wälder, Felder und Vorstädte im Grünen.

GRÖSSE Hirsch wie ein sehr schlankes Pony. Reh etwas kleiner als eine durchschnittliche Olympiaturnerin und ebenso schmal.

Wie stark sich die Hirsch- und Rehpopulationen vergrößern, ist umstritten, sicher ist: Es werden mehr. So kommt es in den Wäldern Mitteleuropas zum Schalenwildproblem: Frische Baumtriebe werden verbissen. Rehe bringen zudem Zecken mit sich und verursachen oft Verkehrsunfälle, die Zahl der Kollisionen zwischen Auto und Wild nimmt zu.

In Nordamerika sterben durch den Weißwedelhirsch jedes Jahr etwa 200 Menschen, mehr als durch eine andere Tierart. Da erstaunt es, dass Hirsche nicht so gefürchtet sind wie Bären oder Pumas – was mehr als angebracht wäre.

In Deutschland wurden 2013 etwa 238 000 Wildunfälle gemeldet, an denen Hirsche, Rehe und auch Wildschweine beteiligt waren – mit einem Versicherungsschaden von 575 Millionen Euro. 2005/2006 kamen hier 200 000 Rehe bei Verkehrsunfällen um.

WAS JETZT?

Seien Sie am Steuer immer äußerst konzentriert, vor allem in der Dämmerung. Lassen Sie als Fahrer die Hände vom Smartphone (das gilt natürlich immer!). Wichtig sind gute Scheinwerfer. Ebenso wichtig: Wenn Sie ein Reh sehen, ist ihm das nächste bereits auf den Fersen. Idealerweise stehen Sie, bevor es knallt. Wenn nicht: Fahren Sie weiter. Weichen Sie nicht aus. Mit achtzig Kilometern pro Stunde auf einen entgegenkommenden Wagen zu prallen ist schlimmer, als mit einem Bock zusammenzustoßen. Autos kann man ersetzen – Sie nicht.

WENN BAMBI BÖSE WIRD

Es kommt vor, dass Rehe aggressiv werden, wenn sie sich in die Enge getrieben fühlen. Längst nicht alle tragen ein spitzes, fertig ausgebildetes Geweih, höchstens ein Bock, der sein Revier verteidigt. Das gilt grundsätzlich auch für Hirsche, die zur Brunftzeit aggressiver werden können. Wenn ein Tier also die Ohren anlegt und zu stampfen beginnt, sollten Sie das Weite suchen. Stellen Sie sich hinter einen Baum. Füttern Sie Rehe und Hirsche nicht, auch nicht im Freigehege. Denn Bambi ist nur in Hollywood gleichbleibend niedlich.

Für neunzig Prozent der Bissverletzungen ist der eigene oder ein bekannter Hund verantwortlich. / Am häufigsten werden Kinder zwischen fünf und neun gebissen. / Das Statistische Bundesamt verzeichnet von 1998 bis 2015 für Deutschland 64 Todesfälle durch Hundebisse. Häufig waren Schäferhunde dafür verantwortlich.

HUND

/ *Auch bekannt als:* Köter, Töle,
des Menschen bester Freund.

WO In Hinterhöfen, Parks und auch sonst (fast) überall.

GRÖSSE Klein wie ein Baby, groß wie ein Pony.

LAUTE Bellen, Hecheln, Knurren.

»Liebe Hundebesitzer, auch wenn es Ihnen nicht gefällt: Ihr Tier ist eine Gefahr«, schrieb der Journalist Farhad Manjoo in dem großartigen Artikel *Nein, ich möchte Ihren Hund nicht streicheln*. Er meinte sicher nicht *Ihr* süßes Tierchen, sondern den Hund Ihrer Nachbarn oder den Rottweiler, der unangeleint auf Sie zurennt, oder diese bedrohlichen Großstadthunde. Er sprach ganz sicher von herrenlosen Hunden.

Werte Hundeliebhaber überall, seien Sie stark, denn jetzt wird es hart: In Deutschland gibt es pro Jahr geschätzte 30 000 bis 50 000 Bissverletzungen. Jeder fünfte Biss überträgt Unschönes wie Tollwut oder Wundstarrkrampf. Weltweit sterben etwa 25 000 Menschen jährlich durch die Pfote eines Geschöpfs, das angeblich ihr bester Freund ist. Das sind mehr Todesfälle als durch Haie, Krokodile und Bären zusammen.

Trotzdem werden Hündchen geliebt! Etwa neun Millionen Deutsche haben einen süßen Hund, der »gar nichts macht«. Bis er eines Tages …

WAS JETZT?

Das Offensichtliche: Achten Sie vor dem Streicheln auf das Einverständnis des Hundes. Am Schwanz ziehen: immer unklug. Wenn ein fremder oder streunender Hund Sie beschnüffelt (und Sie kein Hundenarr sind): Bleiben Sie stocksteif stehen. Meiden Sie Blickkontakt, lächeln Sie nicht. Stehen Sie neben dem Tier, sagen Sie streng: »Geh heim!« Zappeln Sie nicht – es spürt Ihre Nervosität. Rennen Sie keinesfalls weg. Das wirkt wie ein Startschuss.

Warten Sie, bis der Hund geht. Falls er zu knurren beginnt, legen Sie langsam die Hände um Ihren Hals. Springt er Sie an und beißt zu, wehren Sie sich nicht. Schieben Sie eine Tasche oder einen Mantel zwischen sich und das Tier. Rollen Sie sich zusammen, hoffen Sie, dass es bald vorbei ist, und wenden Sie sich künftig Katzen zu.

JAGUAR

/ *Auch bekannt als:* Pantherkatze.

WO In Süd- und Mittelamerika – und vielleicht in Arizona.

GRÖSSE Riesig. Die drittgrößte Katze der Welt nach Löwen und Tigern.

LAUTE Ein echtes Röhren, wie ein tief sitzender Husten.

Vor ein oder zwei Jahrhunderten lebten Jaguare von Argentinien bis Kalifornien. Nachdem man sie in den USA fast ausgerottet hatte, tauchte 2011 in den Santa Rita Mountains außerhalb von Tucson ein Einzeltier auf. Begeisterte Schüler tauften das wunderschön gefleckte junge Männchen *El Jefe* – der Boss. Kein Wunder, dass sie aufgeregt waren: Er war einer von nur noch 15 000 Jaguaren weltweit.

Wie sieben weitere Tiere seit 1990 war El Jefe aus Mexiko herübergekommen, wo achtzig bis 120 Jaguare leben. Heutzutage dokumentieren Wildkameras ihren Grenzübertritt.

Zuletzt wurde El Jefe 2015 gesehen. Ist er nach Hause zurückgekehrt, weil es ihm zu einsam wurde oder um ein Weibchen zu finden? Versteckt er sich nur gut? Ist er tot? Er hätte Gesellschaft finden können, denn seither wurden in den Bergen des südlichen Arizona zwei weitere Jaguare gesichtet, einer sogar von der Kamera eines Universitätsinstituts aufgenommen! Die Experten sind sich einig, dass noch mehr Tiere kommen werden.

WAS JETZT?

Nur ein einziger Mensch hat El Jefe wirklich gesehen, ein Jäger, der ihn in Ruhe ließ. Ihre Chancen, einem Jaguar anderswo als im Fernsehen oder in einem Zoo zu begegnen, sind gleich null. Das sollten Sie nicht bedauern, er durchbeißt eine Schildkröte so mühelos wie Sie ein knuspriges Brötchen. Falls Sie beim Wandern oder Schwimmen (Jaguare lieben Wasser) doch einen sehen, verhalten Sie sich wie bei Pumas (siehe Seite 90).

UND OZELOTS?

Größer als ein Schoßhund, kleiner als El Jefe – in Südtexas wurden nach zwanzig Jahren wieder Ozelotjunge gesichtet, niedliche gefleckte Kätzchen, aber nicht kuschlig. In den USA leben noch circa fünfzig Ozelots, sie stehen auf der Liste des Washingtoner Artenschutzübereinkommens.

KAKERLAKE

/ Auch bekannt als: Küchenschabe.

WO Krabbelt in Küchen und allen dunklen, feuchten Ecken.

GRÖSSE Daumennagel (hoffentlich nicht größer).

LAUTE Knacken.

Schädlingsbekämpfer sind in Sachen Kakerlaken manches gewohnt, einer berichtet von einer Wohnzimmerwand, auf der so viele Kakerlaken krabbelten, dass sich »die Tapete zu bewegen schien«.

Sie werden es vermutlich nicht gern hören: Zwischen Sauberkeit und Kakerlaken besteht durchaus ein Zusammenhang. Häufig werden die Schaben in Verpackungen oder aus dem Urlaub mit eingeschleppt, doch mit ungespültem Geschirr, ungeleerten Mülleimern und ungeputzten Fußböden laden Sie sie geradezu ein. Je schmutziger Ihre Wohnung, umso dramatischer Ihr Schädlingsbefall.

Kakerlaken interessieren sich nur fürs Fressen und nehmen alles: Pizzakrümel, Bratfett, den Leim, der Pappschachteln zusammenhält. Manche Menschen gehen mit einer Dose Insektengift bewaffnet ins Bett (das können Sie gern versuchen), aber damit Schaben verschwinden, müssen Sie sie aushungern. Sehr wichtig: Wenn Sie tagsüber welche sehen, haben Sie ein echtes Problem.

WAS JETZT?

Räumen Sie das Schabenbüfett ab: Entsorgen Sie gestapelte Zeitungen und Papiertüten. Lassen Sie Lebensmittel nie offen herumstehen, auch Obst nicht. Spülen Sie leere Flaschen, Marmeladengläser usw. Putzen Sie die Arbeitsflächen und den Herd auch an den Seiten.

Wenn Sie den Vortrupp einer Kakerlakenarmee erspähen, müssen Sie sofort zurückschlagen, am besten mit einem starken Staubsauger, ein Besen tut es auch. Werfen Sie Ihre Beute in einen stabilen Müllsack, schütten Sie, bevor Sie ihn fest verschließen und sehr, sehr weit wegtragen, Babypuder hinein. Es legt sich um den wächsernen Schild der Schaben und verstopft ihn. Streuen Sie auch eine hauchdünne Schicht auf den Fußboden.

Gifte sind gut, alles, was die Kakerlaken aus ihrem Versteck locken soll, ist schlecht. Einmal aufgescheucht, stieben sie in alle Richtungen auseinander, was Ihr Problem weiter verschärft. Wenn nichts davon hilft, müssen Sie alle Schränke leer räumen, Ihr Haustier auslagern und Geld für einen Profi lockermachen. Toi, toi, toi, dass es beim ersten Mal klappt. Oder beim zweiten oder dritten oder …

KAKERLAKEN IN (WO SONST!) NEW YORK

von Bonnie Tsui, Journalistin und Autorin

Typisch New York: Nach dem College wohnten wir in der Stadt, mein Freund Matt teilte mit fünf Freunden eine Dreizimmerwohnung in einem alten Haus, meist war ich auch da. Sein »Zimmer« war nur durch eine Trockenbauwand vom Wohnzimmer abgetrennt und mit einem Schreibtisch und einem Futon auf dem Boden möbliert.

Schon bald tauchten weitere Mitbewohner auf. Mäuse knisterten in Chipstüten, und unter dem Sofa, in der Küche sowie im Treppenhaus flitzten Kakerlaken. Ich wünschte, unsere Matratze hätte nicht auf dem Fußboden gelegen.

Eines Tages schritt einer von Matts Mitbewohnern zur Tat und kaufte keine schlichte Mausefalle oder Köderdose, sondern eine batteriebetriebene Elektrofalle für vierzig Dollar. Dieser Rolls-Royce unter den Schädlingswaffen sollte alle Probleme ausräumen. Die käsebestückte Falle wurde in einer schmuddeligen Ecke der Küche aufgestellt und erst einmal vergessen.

Nach ein paar Wochen guckte jemand rein – ich nicht, auch wenn ich bei dem Gedanken immer noch würgen muss: Darin lag eine tote Maus ... samt knabbernden Kakerlaken. Die Kakerlaken lebten. In der Elektrofalle. Und zernagten eine Maus.

Schaudern. Sich fassen. Dann staunen. Kakerlaken gibt es seit etwa 320 Millionen Jahren, weil sie so ziemlich alles überleben (Enthauptungen ebenso wie Hungersnöte). Und weil sie so ziemlich alles fressen: Leim, abgeschnittene Fingernägel, einander. Mäuse.

**REZEPT FÜR SCHABEN-
KILLERKUGELN**

2 EL Margarine

2 EL Zucker

250 g Borax

125 g Mehl

Alles in einer Schüssel mischen
und langsam Wasser zugeben,
bis eine weiche Masse entsteht.
Zu etwa olivengroßen Kugeln
rollen und abends in Nähe der
Schaben auslegen. Bei Bedarf
erneuern.

KANINCHEN SIND DIE NEUEN HAMSTER

Die Zahl der Kaninchen, die als Haustiere gehalten werden,
steigt rapide. Vor Ostern unbedacht adoptiert, werden sie
wenig später den Wölfen (oder Skunks und Füchsen) zum
Fraß vorgeworfen. Informieren Sie sich, bevor Sie ein Tier
kaufen, Kaninchen sind sehr arbeitsintensiv.

KANINCHEN

/ *Auch bekannt als:* Langohr, Mümmler, (fälschlicherweise) Hase.

WO Richtet in den Vororten und an Stadträndern jede Menge Unheil an.

GRÖSSE Wie eine Ananas, aber viel weicher.

Wie kann man etwas nicht niedlich finden, das mit einem weißen Puschel am Hintern herumspringt? Aber wer seinen gepflegten Rasen, seine Tulpen oder Gemüsebeete liebt, sieht Kaninchen mit anderen Augen: Ihr Garten ist nämlich deren Salatbüfett. Dabei kann es einige Zeit dauern, bis dem Gartenbesitzer dämmert, dass hinter den Zerstörungen diese putzigen Tierchen stecken.

Eine auf Kaninchenschäden spezialisierte Gärtnerin berichtet von einem Kleinod, von dem nur noch ein paar Grasbüschel übrig waren. »Als ich der Hausbesitzerin sagte, dass das Kaninchen waren, rief sie: ›Aber nein! Die sind doch so süß!‹« Niedliche »Rasenmäher«, die Flöhe und Tularämie (Hasenpest) übertragen können, eine Krankheit, die zunimmt und beim Menschen tödlich verlaufen kann.

Am liebsten fressen Kaninchen Gras und Löwenzahn, aber im Grunde fressen sie alles. *Alles.* Und sie mümmeln unentwegt, sie tun den lieben langen Tag kaum etwas anderes. Außer – na, Sie wissen schon.

WAS JETZT?

Schaffen Sie sich einen Beagle an, und alle Probleme verschwinden: das zerfetzte Gras, die Kötel, der Uringestank. Ein Zaun ist gut, mindestens sechzig Zentimeter hoch und tief in die Erde eingelassen. Keinen Maschendraht, da schlüpfen sie durch. Kaufen Sie stattdessen Volierendraht, tackern Sie ihn an einen Zaun, oder biegen Sie ihn als kleinen Käfig um jede Pflanze (nicht hübsch, aber wirkungsvoll). Wasserstrahl-Tiervertreiber und Streupulver, die Wildkaninchen und Hasen fernhalten sollen, helfen vorübergehend. Menschenhaare und Tabasco können Sie vergessen, das sind Ammenmärchen. Fuchsurin hingegen ist recht wirksam. Der stinkt allerdings wie – Fuchsurin. Und das ist ziemlich widerlich.

KANINCHEN IM GARTEN

von Rebecca Flint Marx, Lektorin und Autorin

Unser Hund fand den Kaninchenbau vor uns. Als Airedaleterrier hatte er einen besseren Geruchssinn als meine Schwester und ich. Unsere Stärke hingegen war eine große Bereitschaft zu moralischer Empörung, und als wir sahen, wie Valentin ein unschuldiges Kaninchenbaby ausgrub, schrien wir wie am Spieß. Ich war acht, meine Schwester sieben, noch nie hatten wir etwas so Herzzerreißendes gesehen wie das arme Dingelchen, das er am Nacken herumschleuderte.

Nachdem unsere Mutter den Hund verscheucht hatte, hoben wir das tote Kaninchen auf und legten es in einen richtigen Sarg. Es war so jung, dass es kein Fell hatte, ich erinnere mich an die weiche rosafarbene Haut. Seine Mutter war nirgends zu sehen. Ich liebte alle Tiere, aber das hier ging mich persönlich an: Mein Hund hatte gerade Benjamin Kaninchen ermordet.

Kaninchen zu lieben bedeutet, die Geborgenheit der Kinderbücher zu lieben, denn sie sind der einzige Ort, an dem diese flauschigen Wesen mit Sicherheit ein Happy End erleben. Wer sie im wahren Leben liebt, muss wissen, dass man sie nicht lange hat, sie fallen einem Greifvogel oder einem Waschbären zum Opfer, einem Autoreifen oder einem ansonsten braven Airedaleterrier.

Als wir das winzige Grab aushoben, wäre ich nie auf den Gedanken gekommen, dass meine Eltern über ein Kaninchen weniger froh sein könnten. Für meinen Vater, wie für fast alle Hausbesitzer, waren Kaninchen Schädlinge wie Rehe und Maulwürfe auch. Sie gruben seine Krokusse aus. Später errichtete er einen Zaun. Meiner Liebe zu den Tieren konnte das nichts anhaben. Irgendwo in Michigans Erde steckt noch heute eine Schuhschachtel, mit der auch ein winziger Teil meines Herzens begraben wurde.

KLAPPERSCHLANGE

/ Auch bekannt als: Giftschlange.

WO In Nordamerika, vor allem im Südwesten der USA (allein in Arizona leben 14 verschiedene Arten) und in Mexiko.

GRÖSSE Ausgestreckt so lang, wie ein Baseballspieler groß ist.

LAUTE Rhythmisches Rasseln.

Ein wahr gewordener Albtraum: Unlängst fand in Texas ein Vierjähriger in der Toilette eine Klapperschlange. Das kluge Kind rief seine Mutter. Die tötete sie. Als der Schlangenfänger kam, fand er im Keller des Gebäudes 23 weitere.

Zum Glück sieht man Klapperschlangen meist nur in der Natur, auf einem Pfad, unter einem Felsen. Viele Menschen fangen dann an zu schreien. Eine faszinierende Seite namens *Fearof.net* behauptet, Angst vor Schlangen, Ophidiophobie, sei die verbreitetste Phobie nach der Spinnenphobie, danach komme alles andere: Höhe, Sprechen vor Publikum, Bauchnabel (Omphalophobie, ja, auch das gibt es). Kinder hingegen lieben Schlangen, allein in den USA werden jedes Jahr 1300 gebissen, die Hälfte von Klapperschlangen.

Die üblichen Folgen eines Bisses sind Schwindelgefühl, Fieber und die Wunde. Selten schwillt der Rachen so stark an, dass die Atmung aussetzt und der Verletzte binnen Minuten kollabiert. Es ist beruhigend, dass in den USA pro Jahr zwar etwa 7000 Menschen von einer Giftschlange gebissen werden, aber nur 0,2 Prozent der Bisse zum Tod führen. Und doch …

Lebensdauer: zehn bis 25 Jahre. /
Speiseplan: alle zwei Wochen eine Maus.

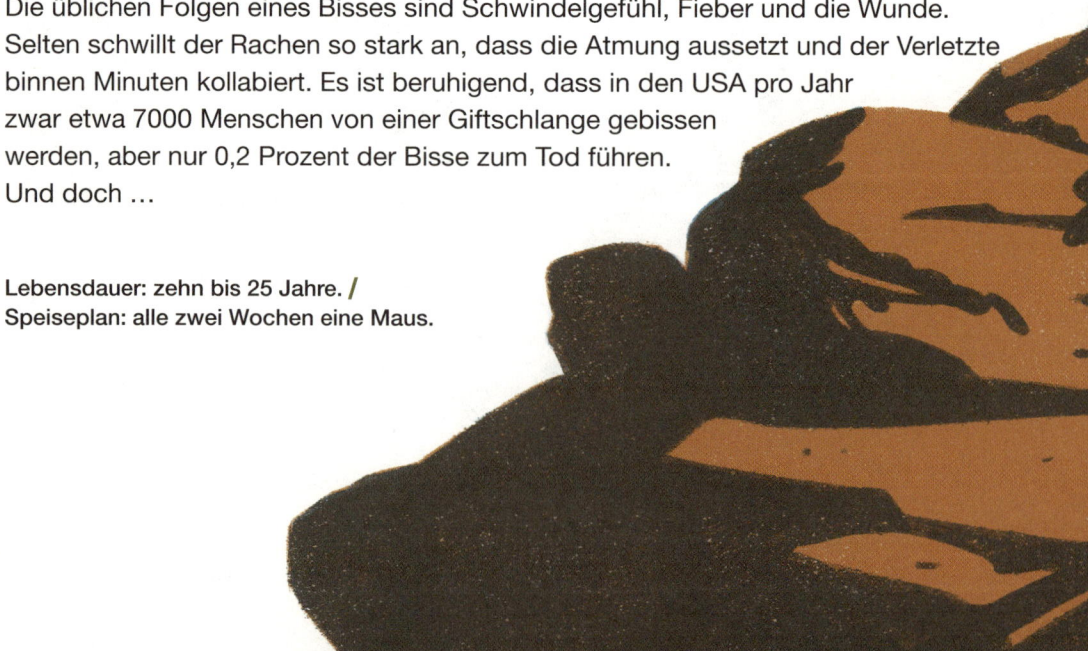

WAS JETZT?

Wenn Sie bei einem Urlaub im amerikanischen Südwesten eine Klapperschlange sehen: Lassen Sie sie in Ruhe. Schwierig wird es nur, wenn man das nicht tut. Lassen Sie sie vorbei, halten Sie drei Meter Abstand. Aufgerollt, klappernd, Kopf erhoben? Gehen Sie noch weiter weg. Falls Sie versehentlich auf eine treten und gebissen werden: Bleiben Sie ruhig! Rennen Sie nicht los, wenn das Herz schneller schlägt, dringt das Gift schneller in Ihren Körper ein. Verschwenden Sie keine Zeit mit Selbsthilfemaßnahmen, rufen Sie unter (800) 222 12 22 sofort den Notdienst (Poison Control). Speichern Sie diese Nummer in Ihrem Telefon.

Tun Sie alles, um Klapperschlangen zu meiden. Ein sonniger Dreißig-Grad-Tag ist Schlangenwetter. Keine Flip-Flops, tragen Sie Stiefel. Und Jeans, Studien haben gezeigt, dass Denim giftabweisend ist. Keine Kopfhörer, Sie wollen hören, wenn es rasselt. Seien Sie mit dem Mountainbike besonders vorsichtig. Klapperschlangen sind darauf spezialisiert, donnernde Bisonhufe zu hören, allerdings keine leise rollenden Reifen. Schauen Sie unter einen Baumstamm, bevor Sie sich draufsetzen. Schütteln Sie Ihren Schlafsack aus. Und wenn Sie kurz mal in die Büsche verschwinden müssen, werfen Sie ein paar Steine vor sich her.

ZAHLEN

In Nordamerika kamen erst zwei Menschen durch Kojoten zu Tode, darunter 2009 eine Folksängerin im ostkanadischen Nova Scotia. Ein Kurzfilm von *National Geographic* darüber heißt … »Killed by Coyotes«.

KOJOTE

/ *Auch bekannt als:* Präriewolf.

WO In Nordamerikas Feldern, Wäldern und Bergen – zunehmend auch in Städten.

GRÖSSE Etwa wie ein Zweijähriger.

LAUTE Bellen, Jaulen.

Früher durchstreiften Kojoten die Weiten des Mittleren Westens, jetzt lungern sie auf Flachdächern in Queens, rennen in San Francisco neben Autos her, ziehen in Chicago auf Parkplätzen sogar ihre Jungen groß. Rancher hassen sie, weil sie ihre Lämmer reißen, Hundebesitzer hassen sie, weil sie hinter ihren Pudeln her sind, Jogger sorgen sich, dass sie verfolgt und angefallen werden.

Angeblich sterben mehr Menschen durch herumfliegende Champagnerkorken als durch Kojoten. Kann sein, *sicher* ist, dass Bissverletzungen zunehmen. Der Bestand war vermutlich nie größer als jetzt, was gut ist, denn jeder Kojote frisst im Jahr etwa 1500 Nagetiere. Weniger gut ist, dass 2017 allein in Kalifornien elf Menschen gebissen wurden (2013 war es nur einer).

Kojoten sind opportunistische Allesfresser, aber Menschen fressen sie nicht. Sie bevorzugen Kaninchen, Ratten und Müll. Und auch Obst mögen sie gern, ohne Zögern klettern sie in einen Apfelbaum. Aber bitte füttern Sie sie nicht. Ein gefütterter Kojote ist ein toter Kojote, je weniger sie uns fürchten, umso aggressiver werden sie.

WAS JETZT?

Ein Kojote, der Sie und Ihren Hund verfolgt, ist nur neugierig. Verhalten Sie sich ruhig, verlieren Sie nicht die Nerven, beweisen Sie Entschlusskraft. Schikanieren Sie ihn, machen Sie sich groß, seien Sie unangenehm und laut.

Sich hinter einem Busch zu verstecken, imponiert einem Kojoten nicht. Schreien hingegen schon. Richten Sie sich auf, sehen Sie ihn an, wedeln Sie mit den Armen, brüllen Sie »Hau ab!« (amerikanische Kojoten verstehen Deutsch). Klappern Sie mit Töpfen, nehmen Sie ein Megafon (falls Sie gerade eines zur Hand haben).

Reizen Sie kein Tier mit Jungen. Machen Sie sich groß und entfernen Sie sich leise. Wenn es dafür zu spät ist: Werfen Sie Steine, nehmen Sie Ihre Babys und Hunde auf den Arm – rennen Sie keinesfalls los! Wile E. Coyote mag Road Runner nie einholen – ein echter Kojote nimmt es jedoch leicht mit Ihnen auf.

KOJOTE IN REICHWEITE

von Chris Colin, Journalist und Autor

Ich war jung und dumm, am frühen Morgen verschlafen, schreckte bei jedem knackenden Ast auf. Noch nie hatte ich allein gecampt, schon gar nicht ohne Zelt. Vier Tage verbrachte ich zwischen trockenem Gras und knorrigen Eichen, fixiert auf Pumas und die Vorstellung, an den Haaren aus dem Schlafsack gezerrt zu werden. Da raschelte etwas hinter mir.

Ich umklammerte den Wanderstab, das eine Ende hatte ich zu einer eher harmlosen Spitze geschnitzt, bereitete mich auf den Tod vor und sah … Truthähne durchs Gehölz stolzieren. Ich musste laut lachen und drehte mich wieder um – zu einem Kojoten. Seine lange Schnauze keinen halben Meter entfernt von meiner. Kojoten kannte ich nur als Comicfiguren. Der hier war ziemlich echt. Ein hübsches Tier mit buschigem Schwanz und deutlichem Interesse – an mir.

Später fragte ich mich, wieso ich wegen nicht existenter Pumas fast durchdrehte, aber einen Kojoten, der mir praktisch auf dem Schoß saß, gelassen hinnahm. Der Grund war, dass zwischen uns etwas *vorging*. Eine volle Minute lang sahen wir uns in die Augen, zwei Geschöpfe, die friedlich und gegen jede Wahrscheinlichkeit über die immense Kluft hinweg, die uns trennte, kommunizierten.

Dann, wie es Menschen eigen ist, ruinierte ich den Moment. Indem ich nach meinem verdammten Fotoapparat griff. Als ich auf den Auslöser drückte, huschte ein Ausdruck von Verrat über sein Gesicht. Er neigte sogar den Kopf zur Seite, verblüfft über mein Versagen. Der Zauber war gebrochen. Er sah mich ein letztes Mal an, trottete auf eleganten Zahnstocherbeinen fort und verschwand zwischen den Bäumen.

Das Foto? Habe ich mir nie mehr angesehen.

KRÄHE

/ *Auch bekannt als:* Rabe.

WO Früher nur auf dem Land, inzwischen auch in Klein- und Großstädten und überall, wo Mülleimer sind.

GRÖSSE Gut doppelt so groß wie eine Amsel.

LAUTE Kraa kraa kraa …, das sprichwörtliche Krächzen.

Früher interessierten sich nur Bauern für Krähen – weil sie die Felder plünderten und die Kälber angriffen, die Problemlösung war eine Vogelscheuche von respektabler Größe. Krähen waren schüchtern, zurückhaltend, Anfang der 2000er-Jahre wurden sie in den USA durch den West-Nil-Virus dezimiert. Aber jetzt sind die schwarz gefiederten Aasfresser zahlreicher denn je.

Sie ziehen in das Umland der Städte und in die Städte hinein, weil wir es ihnen so einfach machen. Wir bieten ihnen Müllkippen voller Fressen, hohe Bäume für den Nestbau und grüne Parks mit Grillplätzen. Die Populationen wachsen dramatisch. In Seattle leben dreißig- bis vierzigmal so viele Krähen wie in den 1960er-Jahren. In San Francisco findet zu Weihnachten eine traditionelle Vogelzählung statt, in den 1980er-Jahren waren es dreißig bis neunzig Krähen, 2010 schon 1100.

Mehr Menschen und mehr Krähen bedeuten mehr Mensch-Krähe-Begegnungen. Je häufiger sie uns sehen, umso weniger fürchten sie uns. Berichte über Krähen-angriffe häufen sich. Eine Internetseite namens *CrowTrax* verzeichnet allein in und um Vancouver Tausende solcher Attacken:

ERFAHRUNGSBERICHTE

»Stand nur da, kein Problem, griff mich an, als ich eine Zigarette anzündete, erkennt mich jetzt, sobald ich durchs Viertel gehe. Aggressivität: 4.«

»Eine Krähe pickte meinem Freund auf den Kopf, es hat geblutet. Aggressivität: 5.«

»Zwei stürzten sich gleichzeitig und insgesamt sechs Mal auf mich. Aggressivität: 5.«

»Krähe durchwühlt Sperrmüll und bringt alles durcheinander. Schreie sie an, sie beginnt mich anzugreifen. Aggressivität: 2.«

Auch in mitteleuropäischen Großstädten kommt es zu solchen Vorfällen. Am schlimmsten sind Frühjahr und Sommer, wenn die Alten ihre Jungen schützen. Im Mai 2017 hackte eine Krähe einer Berlinerin das Gesicht blutig. Vogelkundler sagen, Krähen seien wie Menschen: intelligent, laut, familienorientiert und begeisterte Fans von Kentucky Fried Chicken. Zu ihrer eigenen Sicherheit bleiben sie eng zusammen. In Fort Cobb, Oklahoma, wurde einmal ein Krähenschwarm mit etwa zwei Millionen Einzeltieren gesichtet. Damit will man sich nicht anlegen.

Das Verrückteste: Krähen merken sich Gesichter, und zwar über *Jahre*. Also reizen Sie sie nicht. In Seattle hat einmal ein Gartenbesitzer eine tote Krähe aufgehoben, danach galt er bei ihresgleichen als Krähenmörder. Die Tiere verfolgten ihn monatelang, bis er – bei Nacht und Nebel – umzog. Ein anderes Opfer ließ sich Bart und Haare wachsen, trug verschiedene Mützen und Hüte, aber die Krähe ließ sich nicht narren.

Wenn Sie eine Krähe füttern, kommt sie zurück – und bringt Freunde mit. Füttern Sie nur, wenn Sie eine Krähe als Begleiterin wollen – manchen gefällt das. Eine Bibliothekarin in Washington machte einem Vogel namens Bella zehn Jahre lang Eier mit Speck zum Frühstück. Anderenfalls vermeiden Sie jede Kontaktaufnahme, um Nester sollten Sie einen *sehr* großen Bogen machen.

WAS JETZT?

Behalten Sie Krähen im Blick. Sie greifen gern von hinten an. Überqueren Sie die Straße. Nehmen Sie einen Schirm mit. Werfen Sie keine Steine, die Vögel rächen sich, indem sie nach Ihnen hacken. Wenn es sehr schlimm wird, können Sie es mit einer Verkleidung versuchen. Die sollte allerdings wirklich gut sein. Eine OP-Maske kann, muss aber nicht helfen. Werfen Sie große Mengen ungeschälter Erdnüsse auf die Erde. Doch selbst großzügiges Füttern kann sinnlos sein, denn wenn eine Krähe Sie wirklich hasst, haben Sie schlechte Karten.

Krähen können wählerisch sein. Bei einer Studie zogen sie Pommes in einer McDonald's-Tüte den Pommes in einer einfachen braunen Papiertüte vor. / Die älteste Krähe in Gefangenschaft wurde 59 Jahre alt. / Am schlimmsten ist der australische Flötenvogel, der aber nur wie eine Krähe aussieht und keine ist: Er hackt im Zweifel auch Augen aus.

KUH

/ *Auch bekannt als:* Rind, Bulle, Kalb, Rindvieh.

WO Grast auf Weiden überall.

GRÖSSE Etwas leichter als ein Smart.

LAUTE Muuuuuuuh …

Allein in Deutschland gibt es weit über zwölf Millionen Kühe. Das Verhältnis von einer Kuh auf (knapp) sieben Einwohner wäre bei Raubtieren besorgniserregend, aber das sind Kühe ja nicht. Technisch gesprochen sind sie sogar Beute und meist harmlos, wenn auch nicht für Milchbauern oder Rinderzüchter. Die laufen jeden Tag Gefahr, von ihnen getreten oder angegriffen zu werden. Wer sich mit Landwirtschaft auskennt, weiß, dass vor allem ältere Leute gefährdet sind. Bauern gehen ungern in Rente. Mit dem Alter werden sie langsam und vielleicht auch übergewichtig, sehen und hören schlechter und erkennen Gefahren nicht mehr. Beispielsweise kamen 2010 in Deutschland sieben Landwirte durch Großvieh ums Leben.

Auch Sie sollten aufpassen, wenn Sie mit Ihrem Hund über Weideland gehen. Zwischen 1993 und 2013 wurden auf britischen Weiden 54 Menschen von Kühen attackiert, in den Alpen wurden Wanderer von Kühen totgetrampelt. Beherzigen Sie die Warnung der Landwirtschaftskammer Tirol: »Eine Alm ist kein Streichelzoo.«

WAS JETZT?

Halten Sie mindestens zwei Meter Abstand. Kühe fühlen sich schnell bedrängt, sie mögen es nicht, wenn Menschen zu nah kommen. Stehen Sie nie hinter einem Tier, das ist ihr blinder Fleck.

Gehen Sie weiter, wenn Ihnen eine Kuh begegnet. Bleiben Sie nicht stehen, starren Sie sie nicht an. Sprechen Sie leise (laute Stimmen erregen). Lassen Sie die Kuh einfach chillen, das macht sie sowieso am liebsten: Hals gesenkt, kauend. Wenn sie den Kopf hebt – verschwinden Sie. Kühe gehen ohne Vorwarnung auf Sie los.

Regel Nummer eins: Versuchen Sie nicht, Ihren Hund zu retten. Sorry.

DIE KUH EIN KILLER?

Pro Jahr wird ein Amerikaner durch Haie getötet, sechs verlieren ihr Leben durch Schlangen, zwanzig durch Kühe.

VORSICHT VOR BULLEN!

Bullen treffen Sie auf Weiden, Bauernhöfen – und manchmal auch auf New Yorks Straßen. Denn es ist Tieren tatsächlich schon gelungen, aus dem Schlachthaus zu entkommen und durch Queens zu galoppieren.

Bullen sind größer und angriffslustiger als Kühe, das Risiko, von einem Bullen attackiert zu werden, wird oft unterschätzt. In Deutschland werden der landwirtschaftlichen Berufsgenossenschaft jedes Jahr mehrere Unfälle dieser Art gemeldet, sie haben meist schwere – oft gar tödliche – Verletzungen zur Folge.

Halten Sie Distanz. Drehen Sie einem Bullen nie den Rücken zu. Und wenn er aggressiv wird – Kopf gesenkt, Schultern erhoben, schnaubend, scharrend – *rennen Sie um Ihr Leben*. Ein angreifender Bulle wird Sie mit dem Kopf anrempeln, Sie umreißen und dann auf Ihnen herumtrampeln. Nicht schön.

LAUS

/ *Auch bekannt als:* Kopflaus.

WO Überall auf Köpfen, vor allem Kinderköpfen.

GRÖSSE Etwas kleiner als ein Sesamkorn.

Solange es Kinder gibt, werden sie Läuse im Haar haben, die dort Eier und Nissen hinterlassen und aus der Kopfhaut Blut saugen. Läuse treiben uns Eltern dermaßen zur Verzweiflung, dass wir alles tun, um sie loszuwerden: Haare mit Mayonnaise oder Vaseline einschmieren, mit Bier oder Essig übergießen – alles leider völlig umsonst.

Wie die Verrückten waschen wir Bettzeug, Kleidung und Stofftiere. Wir nehmen die Kinder von der Schule, um ihr Haar tagelang mit Kopflausshampoos zu behandeln und dann die Eier Strähne für Strähne herauszukämmen. Manche bezahlen Unsummen für »Friseursalons«, die anbieten, das für uns zu erledigen.

Läuse krabbeln von einem Kopf auf den anderen und vermehren sich in rasendem Tempo – ein weibliches Tier legt in dem Monat seines Lebens fünfzig bis 150 Eier. Wenn Sie nicht sofort und energisch einschreiten, trägt Ihr Liebling bald 2000 Eier spazieren – wie der schlimmste Fall eines Salons in San Francisco.

WAS JETZT?

Die Strategie Ihrer Mutter, als Sie Läuse hatten, funktioniert heute nicht mehr (ja, es sind wohl nach wie vor meist die Mütter, oder?). Viele herkömmliche Mittel machen Läusen nichts mehr aus. Nach neueren Studien sind – zumindest in den USA – inzwischen 98 Prozent der Läuse gegen die entsprechenden Insektizide resistent, 2001 waren es noch 37 Prozent. Selbstverständlich gibt es Neuerungen. Die vielversprechendste ist die Air-Allé-Methode, eine Hitzebehandlung, auf die sich in den USA eine Franchise-Kette spezialisiert hat, die verspricht, die Läuse und 92 Prozent der Eier in einer Sitzung und für 150 Dollar zu vernichten. Mittlerweile haben auch Läden in Paris, London und Berlin dieses Verfahren für sich entdeckt. Da Läuse bei 45 Grad sterben, lohnt der Versuch, Ihrem Kind eine Stunde lang eine dicht schließende Föhnhaube aufzusetzen. Die einfachste und garantiert sichere Methode: Scheren Sie dem Kind eine Glatze. Haare wachsen wieder.

DIE HÄUPTER IHRER LIEBEN

Ein bis drei Prozent aller Kinder
bekommen Läuse. Meist passiert
das zwischen Kindergarten und der
vierten Klasse. Danach wird es
seltener. Zum Glück.

Mäuse fressen vor allem nachts, sind aber auch bei Tag aktiv und fressen innerhalb von 24 Stunden bis zu zwanzig Mal. / Eine Maus kann alle drei Wochen Junge bekommen, was leider bedeutet, dass Sie mehr als nur eine haben.

MAUS

/ *Auch bekannt als:* Hausmaus, Feldmaus, Wühlmaus.

WO Überall in Kellern und Schränken, auch unter dem Bett.

GRÖSSE Eine kleine Kartoffel, nur mit Schwanz.

LAUTE Quiek-quiek.

Mäuse und Menschen befinden sich schon sehr lange im Kampf miteinander. Aber nun wird offenbar eine neue Runde eingeläutet, denn die Mäusezahlen steigen dramatisch (die der Ratten übrigens auch). Im texanischen Houston beispielsweise haben sie in nur zwei Jahren um zwölf Prozent zugenommen.

Aber Mäuse sind in *allen* Großstädten auf dem Vormarsch, immer mehr Menschen finden in ihrer Speisekammer Kot und zerfetzte Mehltüten oder halten das zerbissene Stromkabel ihrer Waschmaschine in der Hand. Schädlingsbekämpfer sind gefragter denn je, Eigentümer brandneuer Luxusvillen rufen panisch an und fragen entsetzt: »Ich kann doch keine Mäuse haben?!« Vielleicht sollten sie sich lieber fragen, was – und wer! – wohl vor ihrem Häuschen auf diesem Grundstück war.

Im Grunde sind Mäuse wie wir: Sie wollen Essen, ein Obdach und Wärme. (Sehen Sie mal in Ihrem Toaster nach.)

WAS JETZT?

Das Problem ist nicht Sauberkeit, sondern Instandhaltung. Schiefe Dachrinne, verzogene Garagentüren, Risse im Fundament: Mäusehaus. Geben Sie ihnen ein Loch von der Größe einer Zwei-Cent-Münze, und schon sind sie drin.

Streuen Sie an der verdächtigen Wand Mehl, so erkennen Sie eventuelle Löcher an den Fußspuren. Es kann ein Wochenende dauern, bis Sie alle Löcher mit einem Kupfernetz oder schnell trocknendem Zement verstopft haben – oder rufen Sie einen Fachmann, am besten einen, der nicht auf Gift vertraut. Wenn Sie alles versiegeln und *dann* Gift benutzen, sterben die Mäuse in der Wand und verpesten Ihre Wohnung.

Klebefallen und elektrische Mausefallen sind grausam. Angeblich verscheucht sie geraspelte Seife, die nach *Irischem Frühling* duftet. Sie hassen den Minzgeruch. Die einfachste und humanste Art, sie zu fangen, ist die gute alte Schnappfalle. Aber verzichten Sie auf Käse – Mäuse lieben Erdnussbutter.

MÄUSE IM RÜCKSITZ

von Samin Nosrat, Köchin und Autorin

Es war Aprikosenzeit, ich wollte Marmelade kochen. Also fuhr ich 75 Kilometer zu meinem liebsten Obstbauern, er lud mir 25 Kilo perfekte Blenheim-Aprikosen in meinen Subaru, dann fuhr ich die 75 Kilometer zurück.

In meiner Küche bemerkte ich an einigen Früchten winzige Löcher. Verwundert probierte ich sie, aber sie waren köstlich, also kochte ich zwei Dutzend Gläser ein. Eine Woche später lud ich meine Einkäufe aus dem Auto – das Baguette war angeknabbert! Da sah ich sie. Und sie mich. Im Licht der Straßenlaterne blickten wir uns in die Augen – die Maus und ich. Dann huschte sie unter den Sitz und war außer Reichweite. Natürlich beschloss ich, sie zu fangen.

Am folgenden Morgen bestückte ich Schnappfallen mit Erdnussbutter. Tags darauf: keine Erdnussbutter, aber auch keine Maus. Ich versprühte Pfefferminzöl, um sie herauszulocken. Ohne Ergebnis, doch das Auto roch wochenlang wie eine Tüte Hustenbonbons.

Es wurde zum schlechten Roadmovie. Die Maus war meine Mitfahrerin, fraß meine Einkäufe, verfolgte mich in meinen Träumen. Bis ich begriff, was sie an mir mochte: die Lebensmittel. Ich würde ihr ein Festmahl zubereiten, sie zum Essen einladen und dann nicht mehr gehen lassen. Hierfür füllte ich meinen größten Topf mit Crackern, Käse, Cantaloupe-Melone, Pizzaresten und sehr viel Erdnussbutter und stellte ihn hinter den Rücksitz, damit sie leicht – und tief – hineinspringen konnte.

Da saß sie nun am nächsten Morgen, immer noch kauend. Ich trug den Topf zum Komposthaufen. Wir sahen uns ein letztes Mal an. Dann kippte ich sie aus.

MÖWE

/ *Auch bekannt als:* Seemöwe, Jonathan.

WO Stiehlt Essbares an allen Küsten, immer häufiger auch in Städten.

GRÖSSE So verschieden wie Designerhandtaschen.

LAUTE Beachtliches Gezeter und Geschrei. Bei Großmöwen auch Jauchzen.

Möwen sind dreiste Tiere, und sie werden immer dreister. Seit jeher stolzieren sie über Badestrände und scheißen auf Piers, nun aber schnappen sie uns das Sandwich *aus der Hand*. Es kommt sogar vor, dass sie in einen Laden hineinspazieren und sich direkt aus den Regalen bedienen: Eine schottische Möwe klaute einen Monat lang täglich eine Tüte Tortilla-Chips, was ihr frühen Internetruhm bescherte.

Eine Mikrobiologin erzählt, immer noch schaudernd, dass sie einmal aus einem Donutladen kam und von einer Möwe verfolgt wurde, die knapp über ihrer Schulter flog. An den Großen Seen zur Grenze nach Kanada, wo das passierte, steigt die Zahl der Möwen drastisch an.

In New Jersey sind die Vögel so aggressiv geworden, dass Füttern mit einem Bußgeld von 500 Dollar und neunzig Tagen Haft bestraft wird. Noch ist niemand eingesperrt worden, aber die Mahnung – Lautsprecher plärren sie über die Uferpromenade – hat sich herumgesprochen. Außer bei den Möwen. Der Besitzer einer Pizzeria gab in einer Woche 62 Stücke kostenlos an Kunden ab, denen die zuvor gekaufte Pizza aus den Händen gerissen worden war. (Sehr nett. Hätte er nicht machen müssen.)

WAS JETZT?

Falls Sie ein Strandhaus besitzen, legen Sie sich einen großen Hütehund zu. Bei Strandspaziergängen in der Morgen- und Abenddämmerung verringert ein solcher Hund die Zahl der anwesenden Möwen um 99 Prozent.

Ansonsten: Schleppen Sie nicht den gesamten Inhalt Ihres Kühlschranks zum Strand. Vielleicht hilft eine rote Decke (vielleicht nicht). Nehmen Sie eine Wasserpistole mit.

Auf Dauer vertreiben Sie Möwen nur, wenn Sie darauf verzichten, auf bereits überquellende Abfalleimer noch mehr draufzupacken.

Eine neuere Studie aus den Niederlanden kommt zu dem Ergebnis, dass der Grund für alle Möwenprobleme die Verfügbarkeit menschlicher Nahrung ist. *Füttern Sie Möwen nicht.* Lassen Sie Ihre Verpflegung bis zum Essen in der Kühlbox. Pfeifen Sie dann auf Manieren und schlingen Sie sie hinunter.

HITCHCOCK LÄSST GRÜSSEN

Das Baseballstadion der San Francisco Giants ist jede
Saison von Möwen buchstäblich übersät. Gegen Ende
eines jeden Spiels schwärmen sie an und stürzen sich
auf die restlichen Knoblauchfritten der Besucher.
(Irgendwie wissen sie, dass sich das Stadion bald leert.)

Ein in die Enge getriebenes oder angegriffenes Opossum rastet aus und stellt sich tot: hinfallen, pissen, sabbern, Schaum vorm Mund und eine widerwärtige grüne Flüssigkeit auswürgen. Gerettet! Denn wer würde so etwas fressen wollen? Darum heißt »sich tot stellen« auf Englisch *to play possum*.

OPOSSUM

/ *Auch bekannt als:* Beutelratte.

WO In Kaminen, Dachböden und Schuppen in Kanada, im Mittleren Westen, an den Küsten der USA sowie in Mittel- und Südamerika.

GRÖSSE Wie eine durchschnittliche Hauskatze.

LAUTE Tschu tschu, wie ein Niesen. Knurrt und faucht auch.

Opossums mögen wie charmantere Ratten aussehen, sind aber mit den Kängurus verwandt. Man sollte meinen, dass das die recht verhassten Tiere etwas beliebter macht, aber nein: »Ein Opossum zu lieben«, schrieb einmal ein Blogger, »ist undenkbar, es sei denn, man ist verrückt oder selbst ein Opossum.«

Dabei sind sie von allen ungebetenen Plagen das kleinste Übel. Die unerschrockenen Allesfresser plündern Abfalleimer, Hühnerställe und Obstbäume – zerkauen aber keine Kabel, greifen selten an und übertragen noch seltener Tollwut. Opossums sind ein nächtlicher Segen für den Garten, denn sie fressen Schnecken, zudem sind sie der beste Schutz der Natur gegen Borreliose: Ein Opossum verleibt sich etwa 4000 Zecken pro Woche ein.

Die traurige Nachricht: Sie leben nicht lange und verlassen diese Welt oft unter einem Autoreifen oder am Boden eines Pools.

WAS JETZT?

Schleicht eines *ums* Haus? Tun Sie nichts. Opossums bleiben höchstens ein paar Tage, dann ziehen sie, wie gut erzogene Gäste, weiter. Sollte eines *ins* Haus kommen, schubsen Sie es nicht mit dem Besen, es wird sich nicht rühren. Zeigen Sie ihm, wo die Tür ist, machen Sie alle Lichter an, drehen Sie die Stereoanlage voll auf, es soll verstehen, dass es anderswo glücklicher ist. Ein Opossum kann nicht rennen, schwimmt aber wie ein kleiner pelziger Michael Phelps – und ertrinkt, wenn es nicht mehr aus dem Wasser kommt. Dann ist es Ihre Aufgabe, es herauszufischen. Legen Sie also ein Floß oder eine Tierrampe namens *Skamper Ramp* in den Pool – das kann auch Ihren Hund retten.

PFERD

/ *Auch bekannt als:* Hengst, Stute, Fohlen, Gaul und unter zahllosen Namen aus Literatur und Film wie *Fury*.

WO Bauernhöfe, Reiterhöfe, Weideland und Pferdekoppeln; in manchen Gegenden frei laufende Wildpferde.

GRÖSSE Ein Pferd kann so viel wiegen wie zwei Harleys.

LAUTE Schnauben, Wiehern, sehr selten auch Brüllen.

»Zu uns kommen mehr Patienten mit Verletzungen durch ein Pferd als nach Motorradunfällen«, sagt der Notarzt einer Klinik im US-Bundesstaat Washington. »Und sie sind genauso übel zugerichtet.«

In Deutschland reiten knapp vier Millionen Menschen – aber so schön Pferde sind, sie sind auch tückisch. Jeder fünfte Reiter verletzt sich bei einem Sturz, jeder dritte, nur weil er neben einem Pferd stand: Kopfverletzungen, offene Brustwunden, Querschnittslähmungen. In Deutschland kamen von 1999 bis 2009 pro Jahr etwa 21 Menschen durch Pferde um. Berufsjockeys trifft es am härtesten: Allein in den USA starben seit 2000 etwa 15 auf der Rennbahn. (Die größten Opfer sind allerdings die Rennpferde: auf amerikanischen Rennbahnen kommen jährlich Hunderte zu Tode.)

Dennoch gehen normale Pferdeliebhaber mit ihren Pferden gut, allerdings nicht immer umsichtig um.

WAS JETZT?

Ein aufgeschrecktes Pferd galoppiert manchmal einfach los (hoffentlich nicht mit Ihnen im Sattel). Ob auf oder neben dem Tier: Tragen Sie einen Helm. Die drei Waffen des Pferds sind, in der Reihenfolge ihrer Gefährlichkeit: Zähne, Vorderbeine, Hinterbeine (das heißt Beißen, Treten, Auskeilen).

Bleiben Sie also vor oder unter dem Kopf, meiden Sie tote Winkel. Wenn Sie zur Rückseite gehen müssen, legen Sie eine Hand auf das Tier, reden Sie leise mit ihm. Fassen Sie einem Pferd nicht ins Maul. Wenn das Tier die Lippen schürzt, will es Sie nicht küssen, sondern beißen.

WILDE PFERDE

Wildpferde bieten einen atemberaubenden Anblick. Aber seien Sie vernünftig, falls Sie in freier Natur auf eine Herde treffen: Halten Sie mindestens vierzig bis fünfzig Meter Abstand, füttern Sie sie nicht (sie fressen sowieso nur Gras), erschrecken Sie sie nicht mit lauten Ausrufen wie »Das ist ja der helle Wahnsinn!«. Sie möchten nicht erleben, dass all diese schönen Tiere in Ihre Richtung losgaloppieren.

PUMA

/ Auch bekannt als: Silberlöwe, Berglöwe oder Kuguar.

WO In Mittel- und Südamerika sowie den USA, dort vor allem im Westen, zunehmend auch in den Great Plains und Florida.

GRÖSSE Etwas kleiner als Arnold Schwarzenegger.

LAUTE Zischen, Knurren, Fauchen, aber – egal wie sehr er einem wilden Löwen ähnelt – kein Brüllen. Schade, denn das wäre als Vorwarnung nicht schlecht.

Die Faustregel für die USA lautet: Wo es Hirsche gibt, gibt es Pumas. Wie viele genau, weiß allerdings niemand, denn die Großkatzen sind äußerst scheu und ähneln einander sehr, man schätzt den Bestand auf etwa 30 000. Das klingt recht viel, bis man sich die Größe der USA vor Augen hält.

Im kalifornischen Pescadero wachte eine Frau morgens um drei Uhr auf und sah einen Puma in ihrem Schlafzimmer. Er schnappte sich den sieben Kilo schweren Hund vom Fußende des Betts und verschwand, weder Raubkatze noch Hund wurden je wieder gesehen. Fachleute beteuern, das sei völlig anormal, die Frau habe einfach Pech gehabt. Nun ja. Sie ließ nachts die Tür offen, wenn auch nur einen Spalt.

In manchen Gebieten steigen die Pumapopulationen und somit die Angriffe, aber die Wahrscheinlichkeit, dass Sie einen Puma zu Gesicht bekommen oder gar von einem verfolgt oder angegriffen werden, ist absurd gering. Eine Pumaexpertin behauptet sogar: »Eher gewinnen Sie im Lotto.«

WAS JETZT?

Sollten Sie in den Bergen oder der Stadt (unlängst wurde einer in San Francisco gesehen) wirklich einem Puma begegnen, versuchen Sie, so groß wie möglich auszusehen – und sehr lebendig. Richten Sie sich auf. Blicken Sie dem Tier in die Augen. Öffnen Sie den Mantel. Nehmen Sie (ohne sich hinunterzubeugen) Ihre Kinder bei der Hand. Laufen Sie nicht weg (Pumas sind sowieso schneller).

Stehen Sie aber nicht still und zu Tode verängstigt rum wie die leichte Beute, die Sie, ehrlich gesagt, sind. Machen Sie ihm Angst. Wedeln Sie mit den Armen. Rufen Sie, schreien Sie, werfen Sie Flaschen, Steine, was immer Sie haben. Falls Sie angegriffen werden: Machen Sie ihm die Hölle heiß. Legen Sie sich keinesfalls hin, stellen Sie sich keinesfalls tot: Dann sind Sie sein Abendessen.

ZAHLEN

3: Wer allein wandert, erlebt dreimal häufiger Pumaangriffe. Bleiben Sie also bei Ihrer Gruppe.

1: Zahl der Rehe, die ein Puma pro Woche tötet.

1: Zahl der Menschen, die Pumas (in den USA) pro Jahr töten.

QUALLE

/ *Auch bekannt als:* Medusa, Seewespe, Portugiesische Galeere.

WO Verdirbt Strandtage rund um den Globus.

GRÖSSE Durchmesser bis zu vier Meter.

Es gibt Hunderte von Quallenarten, Sie müssen sich nur vor denen in Acht nehmen, die stechen – oder gar töten – können. Dazu gehören einige hochgefährliche Arten auf den Philippinen, in Thailand oder die Seewespe in Australien. Weltweit sterben nach einem Quallenstich etwa fünfzig Menschen pro Jahr, fast alle im Südpazifik, wo die gefährlichsten Arten leben.

Feuerquallen schaden zahllosen Menschen, die im Ozean schwimmen, im Nordosten der USA wurde einmal eine Gelbe Nesselqualle an Land gespült, an deren zerfetzten Tentakeln sich sage und schreibe 150 Menschen verletzten. »Dabei ist die Gelbe Nesselqualle«, erläutert Quallenexpertin Lisa Gershwin, »eigentlich eine Memme. Wirklich gefährlich ist die Portugiesische Galeere, die im Pazifik, der Karibik, vor Portugal und den Kanaren lebt. Eine Berührung mit ihr kann tödlich sein, und sie ist, wie viele Quallen, durch Überfischung und die Erwärmung der Meere auf dem Vormarsch.« So wurde sie bereits vor den Küsten Englands und zuletzt an den Stränden Mallorcas gesichtet.

Ob das auch für Würfelquallen der Spezies *Alatina moseri* gilt, ist unklar, es wäre eine schlechte Nachricht, denn ihr Gift ist das tödlichste der Ozeane. Als die Langstreckenschwimmerin Diana Nyad auf dem Weg von Havanna nach Key West von einer gestochen wurde, stöhnte sie nur »Feuer, Feuer, Feuer« und musste aufgeben.

Bei Waikiki schwimmen jeden Monat zehn Tage nach Vollmond hawaiianische *Alatina moseri* in Richtung Land. Ihr Nesselgift verursacht das Irukandji-Syndrom: starke Schmerzen, Erbrechen, Krämpfe, Schweißausbrüche, Atemnot und akute Todesangst.

ANGST VOR QUALLEN?

Lisa Gershwins *Jellyfish App Pro* liefert Fakten, Bilder zur Identifizierung sowie – praktisch, falls Sie in einer der Gegenden sind – aktuelle Warnhinweise.

WAS JETZT?

Eine rote Flagge am Strand bedeutet ohne Wenn und Aber: Gehen Sie nicht ins Wasser. Das mag Ihren Strandtag ruinieren, bewahrt Sie aber vor Tausenden kleinen Giftharpunen. Ein spezielles Hautgel, das gegen Quallen schützt, schadet nicht, sicherer ist ein Quallenschutzanzug *(Stinger Suit)*, dessen Material die Nesselzellen nicht durchdringen können.

Eine angehaftete Qualle entfernt man mit einer Pinzette oder einem Stock, nie mit den Fingern. Übergießen Sie die Stelle mit Meerwasser (*nicht* mit Süßwasser!). Bei Würfelquallen (in Australien, dem Südpazifik,

Hawaii und Florida) kann Essig die Verbrennung mildern. Das gilt – Vorsicht! – nicht bei der Gelben Nesselqualle oder der Portugiesischen Galeere. Nach Kontakt mit ihnen intensiviert Essig, allen populären Ratschlägen zum Trotz, die Schmerzen ebenso wie Urin. Fragen Sie Einheimische, falls eine Feuerqualle Sie erwischt hat, und befolgen Sie deren Rat. Je nach Spezies helfen kalte oder warme Umschläge, vielleicht – sehr vielleicht – bringt es Linderung, den betroffenen Körperteil wie eine Lammkeule mit Fleischzartmacher aus der Dose zu bestreuen.

RATTE

/ *Auch bekannt als:* Hausratte, Wander-
ratte, Kanalratte.

WO Im Müll, in Abwässern und (hoffentlich) *vor* Restaurants. Überall – außer im legendär
»rattenfreien« kanadischen Alberta.

GRÖSSE Süßkartoffel mit Schwanz (aber weniger wohlschmeckend).

LAUTE Schnattern, Zischen, Quieken, Kreischen.

Wissenschaftler brauchen Ratten. Der Rest von uns eher nicht. Dennoch werden wir
von ihnen überrannt. In Deutschland soll es etwa 300 Millionen Tiere geben – also
mindestens drei pro Einwohner. Das sind verdammt viele Ratten.

Und in vielen Großstädten wird es immer schlimmer, New York verzeichnete im
ersten Quartal 2016 fast vierzig Prozent mehr Beschwerden als im Vorjahr. Ratten
übertragen zahllose Krankheiten, darunter Hepatitis C und Salmonellen, manchmal beißen sie Babys, laut einer neuen Studie fördern sie sogar Depressionen.
Sie fressen ihren eigenen Kot. Das kann uns egal sein, nicht egal ist: Dass wir etwas
gegen sie unternehmen müssen. Mit diesem Problem ringt die Menschheit seit dem
14. Jahrhundert (ich sage nur: *Pest*).

New Yorks Bürgermeister Bill de Blasio stellte kürzlich unfassbare 32 Millionen
Dollar für die Rattenbekämpfung bereit, unter anderem für 7000 (vermutlich) ratten-
sichere Mülleimer und das Auslegen von umweltverträglichem Trockeneis (festes
Kohlendioxid), das die Ratten erstickt. Klingt … sonderbar.

Machen Sie das nicht bei sich zu Hause, vergessen Sie auch das herkömmliche
Rattengift. Es schadet Menschen, anderen Tieren und der Umwelt, außerdem treibt
es die Ratten in die letzten Winkel ihres Heims, wo sie sterben. Der Verwesungs-
gestank ist noch widerwärtiger als die Ratten selbst.

WAS JETZT?

Sie müssen sie aushungern. Entfernen Sie ihre Wasserquellen (Ratten trinken täglich die zehnfache Menge ihres Körpergewichts), flicken Sie tropfende Rohre, leeren Sie alte Regentonnen. *Lassen Sie keine Lebensmittel herumliegen!* Das ist zu verführerisch. Vertreiben Sie die Ratten aus Ihrem Haus und verschließen Sie alle Schlupflöcher. Bringen Sie den Müll frühmorgens in sichere Tonnen. Stellen Sie die Plastiksäcke nicht auf den Bürgersteig, das ist eine Einladung. Und ja, Ratten fressen Hundekot. Sammeln Sie also bitte – und nicht nur deswegen – die Hinterlassenschaft Ihres Hundes auf.

Sie können Schlagfallen mit Erdnussbutter, Schmalz oder Hackfleisch als Köder ausprobieren. Aber wollen Sie sich wirklich der Folgen annehmen? Überlassen Sie Ihr Rattenproblem doch lieber den Fachleuten.

Die endgültige Lösung könnte in Sicht sein. Ein neuer Köder namens ContraPest wirkt bei Ratten empfängnisverhütend. Fantastisch. Nachhaltig. Human. Es wurde schon von Profis in den USA, ja, auch in New York, getestet. Frei verkäuflich für Sie erhältlich? Noch nicht. Aber vielleicht bald.

GRUNDKURS IN SACHEN RATTE

In New York (wo sonst?) gibt es eine Rodent Academy. Diese Nagetierakademie schult professionelle Schädlingsbekämpfer *und* Hausbesitzer. Zu den vielen Dingen, die man dort lernt, gehört: Wenn Sie Kot, Fettflecken oder zernagte Kabel entdecken – oder Ihr Hund an die Wand starrt –, haben Sie vielleicht Ratten. Immer im Plural.

RATTENMÄR?

Rattenkönige: Dutzende, an den Schwänzen verknotete Ratten, die an kalten Orten ein gewaltiges, sich drehendes Rattenrad bilden, um sich warm zu halten. Wahrheit oder Mythos? Sie entscheiden.

Ratten können Ihre Toilette hochschwimmen. / Sie haben auch zum Vergnügen Sex, viel Sex. (Ein weibliches Tier kann sich in sechs Stunden bis zu 500-mal paaren.) / Zwei sich paarende Tiere zeugen in den acht bis zwölf Monaten ihres Lebens 15 000 Nachkommen!

RATTEN IM SCHLAFZIMMER

von Diana Kapp, Publizistin und Läuferin

Ich glaube, das Wort lautet *Befall*, und das bedeutet nie etwas Gutes. Vor allem wenn Rocky es benutzt. Rocky ist mein Rattenkerl, ich kann seine Telefonnummer auswendig. Und das will in Zeiten des Smartphones etwas heißen.

Vor drei Jahren riss die Stadt hinter meinem Haus in San Francisco einen erhöhten Highway ab, seither ist das gesamte Viertel eine Großbaustelle. Ratten, meint Rocky, lieben Baustellen. Warum sie gerade mein Haus erwählten, weiß ich nicht. »Das tut mir soooo leid«, sagten Nachbarn mitfühlend und zugleich erleichtert.

Die Sache eskalierte schnell, natürlich war mein Mann gerade verreist. Aus einer dicken Ratte mit langem Schwanz, die die Speisekammer durchforstete, wurde eine Großfamilie, die in der Wand hinter meinem Bett herumtobte. Zwei Nächte später waren sie im begehbaren Schrank. Ich erwachte von Kruschpeln, gefolgt von einem dumpfen Aufschlag: Eine blaue Wildledersandale war zu Boden gefallen. Ich rettete mich ins Zimmer meiner Tochter.

Am nächsten Tag mied ich mein Schlafzimmer wie den Tatort eines Schwerverbrechens. Als ich Schuhe brauchte, marschierte ich grimmig entschlossen und laut auftretend ins Schlafzimmer. Keine Ratten, aber am Boden ihre Hinterlassenschaften: gräuliche Fitzel, vermischt mit etwas Hellbraunem aus einem anderen Material, wie Gummibänder, die in einen Turbomixer geraten waren. Die Schublade des Nachttischs stand so weit offen, dass sie fast herausfiel.

Die Ratten hatten nach Beute, *irgendeiner* Beute gesucht und eine Vorratspackung mit fünfzig Kondomen gefunden. Jedes hatten sie zerkaut – wegen des Gleitgels. Sie waren, ich schwöre es, ohne Geschmack.

ROTLUCHS

/ *Auch bekannt als:* Luchs.

WO In Wäldern, Sumpfgebieten, Wüsten und den Stadträndern aller US-Staaten außer Alaska und Hawaii; häufigste Wildkatze des Landes. In Mitteleuropa eine nah verwandte Art an wenigen Stellen.

GRÖSSE Etwa doppelt so groß wie eine normale Hauskatze.

LAUTE Gibt selten Töne von sich, kann aber zischen, jaulen und wimmern wie ein weinendes Kind.

Die immer wiederkehrende Mahnung dieses Buchs: Füttern Sie keine Wildtiere. Raubtiere folgen ihrer Beute, und Rotluchse *sind* Raubtiere. Sie lauern ihrem Opfer auf und springen es an, wobei sie auf den Hals zielen. Sie bevorzugen Kaninchen, Nagetiere, Wildkatzen und Vögel, nehmen aber auch Aas. Wenn sich die Gelegenheit bietet, jagen sie außerdem Tiere, die größer sind als sie (Rehe beispielsweise). Sie sind sehr scheu und *wirklich* nicht an Menschen interessiert.

Aber Menschen interessieren sich für sie – vor allem wegen des hübsch gefleckten Fells. Sie sind der größte Rotluchsmörder überhaupt, und die Zahl der getöteten Tiere steigt gerade wieder. Haben Sie also Mitleid mit den Rotluchsen! Und fürchten Sie sich nicht. Es sei denn, Sie gehen vom Motel zum Auto und stehen plötzlich vor einer sehr großen Katze. Dann – nun ja. Dann schon.

WAS JETZT?

In aller Regel flieht der Rotluchs, bevor Sie ihn richtig sehen konnten, aber wenn er bleibt und zu knurren beginnt? Dann ist etwas nicht in Ordnung, vermutlich hat er Tollwut. Gehen Sie sofort weg, schnappen Sie Ihren Hund, rufen Sie den Notdienst. Oder Sie versuchen es einem Mann in Florida nachzumachen, der angesprungen wurde: Er packte das Tier am Hals und erwürgte es.

LUCHSE IN EUROPA

In Österreich, Deutschland und in der Schweiz wurde die ursprüngliche Luchspopulation ausgerottet. Im 20. Jahrhundert fanden an verschiedenen Stellen Auswilderungen statt, doch sind Luchse nach wie vor selten. Um 2018 lebten weniger als neunzig Tiere in Deutschland. Immer wieder werden einzelne von ihnen widerrechtlich getötet, weil man um die Bestände ihrer Beutetiere, vor allem Rehe, in den Jagdrevieren mit Luchsvorkommen fürchtet.

»Nein, das war kein Puma.
Das war ein Rotluchs.«

Ranger an Wanderer, dauernd

ROTLUCHS

insgesamt bis zu
2 Meter lang

bis zu 14 Kilogramm

lohgelbes Fell,
muskulös

geflecktes Fell,
sehnig

insgesamt
bis zu 1 Meter
lang

bis zu 70 Kilo-
gramm

PUMA

Fazit: Sie möchten lieber einem
Rotluchs begegnen.

SCHAF

/ *Auch bekannt als:* Hammel, Bock, Lamm.

WO Seit Jahrhunderten friedlich grasend auf Weiden und in der freien Natur.

GRÖSSE Wie ein großer, flauschiger Sitzsack.

LAUTE Blöken, Mähen.

Schafe trifft man überall, sie leben auf allen Kontinenten. Weltweit wird die Zahl der gehaltenen Schafe auf etwa 1,2 Milliarden geschätzt, in Deutschland waren es 2017 etwa 1,6 Millionen Tiere. Sie können ihnen also kaum entgehen.

Bei Autoreisen trifft das manchmal wortwörtlich zu, wenn man in einem flauschigen Stau steckt. Falls Ihnen das als Wanderer passiert, muss Ihre Sorge nicht den Schafen gelten, sie sind die friedfertigsten Geschöpfe auf Gottes weiter Erde. Halten Sie nach den Hütehunden Ausschau, die die Tiere beschützen.

Hundebesitzer müssen besonders vorsichtig sein. Hütehunde können Ihren Liebling nicht von einem Wolf unterscheiden und setzen allem nach, was ihm vage ähnelt. 2008 verfolgten in Colorado zwei Pyrenäenberghunde einen Mountainbiker. Das ging nicht gut aus.

WAS JETZT?

Steigen Sie vom Rad ab. Gehen Sie ruhig um die Schafe herum. Auch wenn Sie die Hunde nicht sehen: Sie sind da. Wenn sie kommen, sollten Sie weder schreien noch Wasserflaschen nach ihnen werfen. Seien Sie ganz ruhig. Gehen Sie langsam, aber mit selbstsicherem Schritt weiter und hoffen Sie das Beste. Auch wenn es verführerisch klingt: Gehen Sie niemals mitten durch eine Herde hindurch.

Orientieren Sie sich im Auto am Verkehrshandbuch für Neuseeland, wo bekanntermaßen mehr Schafe als Menschen leben: »Halten Sie am Straßenrand, bis die Tiere vorbei sind.« Geduld. Nachts schalten Sie die Scheinwerfer aus und schleichen langsam voran. Die Tiere sehen Sie dennoch.

Und hupen Sie eine Herde nie an. Das ist einfach nur gemein.

Sollten Sie ein Schaf anfahren, müssen Sie den Eigentümer entschädigen. Das ist nicht billig, aber falls es Sie tröstet: Eine Kuh ist teurer.

Haben Sie Respekt vor dem Schafbock! Angriffe von Böcken sind sehr selten, aber wenn einer seine Hörner in den Brustkorb eines Menschen rammt, kann das zu schweren, manchmal tödlichen Verletzungen führen.

SCHWARZE WITWE

/ *Auch bekannt als:* das Weibchen, das nach dem Liebesakt seinen Partner frisst.

WO In Holzstapeln, Kellern und Garagen in Nord-, Mittel- und Südamerika. Einige Arten auch von Süd- und Südosteuropa über Asien bis Westchina.

GRÖSSE Ein Fünfzig-Cent-Stück, mit Beinen.

LAUTE Die Spinne selbst ist still. Aber wenn man ihr unordentliches Netz zerstört, klingt das knisternd und unheimlich.

Atmen Sie ruhig weiter: Seit einiger Zeit mehren sich Fälle, in denen schwarze Spinnen aus Weintraubenpackungen kriechen. In den USA tragen arglose Menschen in ihrem Wochenendeinkauf eine Schwarze Witwe mit nach Hause, als blinde Passagiere in Obstkisten kommen die Spinnen auch in andere Teile der Welt. Bauern sprühen weniger Insektizide als früher, das ist gut für unsere Lebensmittel, aber schlecht für Spinnenphobiker und alle, die von einer Spinne gebissen werden.

Trotz ihrer hübschen roten Markierung ist das Weibchen der Schwarzen Witwe die giftigste Spinne Nordamerikas. Aber sie schlägt ihre Beißwerkzeuge selten in Menschenfleisch (es sei denn, Sie setzen sich auf eine). Sollten Sie ihren Biss dennoch spüren – mehr nicht, die Schmerzen kommen erst später –, rechnen Sie mit Schwellungen, Schweißausbrüchen, Bauchschmerzen wie von Fausthieben und Erbrechen.

Sterben werden Sie vermutlich nicht. Von den etwa 2500 Bissen, die jährlich in den USA aktenkundig werden, verlaufen höchstens zwei tödlich. Es kursieren höhere Zahlen, aber die sind mit Vorsicht zu genießen. Generell kann man sagen, dass heutzutage niemand mehr vom Biss einer Schwarzen Witwe das Zeitliche segnet.

WAS JETZT?

Bleiben Sie ruhig und rufen Sie sofort den Notarzt. Herumhüpfen verteilt das Gift nur schneller in der Blutbahn. Waschen Sie die Stelle mit Seifenwasser, legen Sie Eis auf, warten Sie auf die Ankunft des Gegengifts (oder eines Beruhigungsmittels). Auch wenn Filmhelden das tun: Versuchen Sie nicht, das Gift auszusaugen.

ANGSTFAKTOR

Weibliche Schwarze Witwen sind nicht nur die giftigsten Spinnen in Nordamerika, ihr Gift ist auch 15-mal stärker als das einer Klapperschlange.

SEE-ELEFANT

/ *Auch bekannt als:* größte Robbe der Welt, Hundsrobbe.

WO Räkelt sich an der gesamten Küste Kaliforniens bis nach Oregon, manchmal sogar bis zum Staat Washington.

GRÖSSE *Wirklich* groß, bis zu sechs Meter lang und 3500 Kilogramm schwer.

LAUTE Schnaubt und grunzt, wie ein denkwürdig langer Rülpser.

Und der Preis für das hässlichste Säugetier der Welt geht an … den See-Elefanten. Weil die Tiere fast ausgerottet waren, wurden sie geschützt, und jetzt sind sie wieder da, wo sie schon immer waren: an Kaliforniens Küsten. Die Population steigt jährlich um sechs Prozent und beträgt derzeit um die 239 000 Exemplare.

See-Elefanten verbringen ihr Leben meist unter Wasser, wo sie versuchen, den Orcas zu entgehen. Ein- oder zweimal im Jahr schieben sich diese urzeitlichen Wesen an Land, wo sie herumliegen, von ihrem Speck leben, dösen, kämpfen, sich paaren und gebären.

Im Año Nuevo State Park südlich von San Francisco gibt es täglich begleitete Touren, die sicher zwischen Tausenden solcher Fleischbergen hindurchführen. Im südlicher gelegenen Piedras Blancas leben größere Kolonien, dort hat sich unlängst sogar ein 1800-Kilo-Tier durch einen Zaun auf den Bürgersteig gewälzt.

Örtliche Tierhüter erzählen von einem Vater, der sein Töchterchen für ein Foto auf einen See-Elefanten setzte. Das Tier richtete sich auf, warf das Kind ab und biss dem Vater ein beträchtliches Stück Fleisch aus dem Bein. Zwischenfälle dieser Art nehmen zu.

WAS JETZT?

Flüstern Sie. Geraten Sie nie zwischen zwei Tiere. Halten Sie mindestens zehn Meter Abstand, die staatliche Fischereibehörde empfiehlt einhundert Meter. Zum Glück interessieren sich die Kolosse nicht für Menschen, Sie können von Glück sagen, wenn sie Ihretwegen die Augen öffnen. Wenn eines Sie zu verfolgen scheint, dann nur, weil es vor einem größeren Bullen flieht. See-Elefanten sind schneller, als man meint. Stellen Sie sich vor, dass ein führerloser Laster auf Sie zudonnert, und machen Sie den Weg frei.

Ein männlicher See-Elefant kann sich mit bis zu fünfzig Weibchen im Jahr paaren. /
Die Zähne der See-Elefanten sind genauso lang wie Ihre Finger, aber zum Glück weniger spitz. /
Sollte ein See-Elefant tatsächlich mal zubeißen, dann sind meist Wissenschaftler betroffen.
Beziehungsweise deren Hintern.

Seeigel haben kein Gesicht, nur ein Maul und einen Anus. / Manche Seeigelarten werden 200 Jahre alt. / Alle Seeigelarten schmecken besser, als sie sich anfühlen.

SEEIGEL

/ *Auch bekannt als:* Stachelschwein der Meere.

WO Alle Meere, jedes Klima.

GRÖSSE Ein Softball, rundum mit Nadeln besetzt.

Feinschmecker begeistern sich für das Innere der Seeigel – bei dieser cremigen, geschätzten Delikatesse handelt es sich um die Geschlechtsdrüsen, die Eier werden unter dem Namen *uni* serviert.

Sich mit einem Seeigel anzulegen kann ernste Konsequenzen haben: Die scharfen Stacheln bohren sich sogar durch Neoprenschuhe, verursachen große Schmerzen und schießen manchmal, nicht immer, Gift in Ihren Körper. »Es tut *un-glaub-lich* weh«, sagt der Unterwasserfotograf Deron Verbeck, der schon einmal eine komplett stachelübersäte Fußsohle hatte. »Ich bin schluchzend an Land geschwommen.« Es hätte danach noch schlimmer kommen können: Übergeben, Lähmung, Atemnot. Dann muss sofort ein Notarzt gerufen werden. Unbehandelt kann das Nervenschäden und Arthrose nach sich ziehen.

Seeigel gehören zu den größten Gefahren des Meeres. »Ob Schnorchler, Schwimmer oder Taucher, dem Seeigel ist es egal«, sagt ein Lebensretter auf der Hawaii-Insel Oahu. »Dumme Touristen trampeln über die Riffe oder versuchen, auf dem felsigen Grund zu stehen. Dann kommen sie mit Stacheln im Fuß oder in der Hand aus dem Wasser und brüllen: ›Ich sterbe, ich sterbe!‹« (Eher nicht.) »Einer hatte mal den Allerwertesten voller Stacheln.«

WAS JETZT?

»Einem Betroffenen habe ich geraten, seine Frau draufpinkeln zu lassen«, lacht Verbeck. »Hat funktioniert.« (Fraglich.) Die Stacheln herauszuziehen funktioniert mit Sicherheit nicht, sie zerbrechen. Auch eine Pinzette hilft nicht. Ein Bad in Essig oder sehr heißem Wasser mit etwas Bittersalz macht die Stacheln weicher.

Ansonsten kann man nur abwarten. Entweder absorbiert Ihr Körper die Stacheln, oder alles, was davon noch drinsteckt, wandert mit der Zeit an die Hautoberfläche. Am Ende bleiben kleine tintenartige Punkte übrig, die wie ein Tattoo aussehen. Nun gut: vage an ein Tattoo erinnern.

HISTORISCHE FLUGVERSPÄTUNG

1995 bohrten Goldspechte Löcher in den Tank des Spaceshuttles *Discovery* und legten es damit lahm. Um dergleichen künftig zu verhindern, stellten die Specht-Nerds der NASA Plastikeulen und Ballons mit »Raubtieraugen« auf, außerdem ließen sie Bänder mit dem Gesang des Virginia-Uhus laufen. Es hat funktioniert.

SPECHT

/ *Auch bekannt als:* Zimmermann des Waldes.

WO Klopft und trommelt an Baumstämmen, Häuserwänden und auch mit Vorliebe auf Metall, vor allem Letzteres treibt Menschen überall in den Wahnsinn.

GRÖSSE Klein wie eine Teetasse, groß wie eine Krähe.

»Ich hasse euch. Verreckt endlich!«, ruft eine Frau in Chicago seit fast einem Jahrzehnt jeden Morgen einem Spechtpaar vor ihrem Schlafzimmerfenster zu. Sie schlägt gegen Mauern und auf Töpfe, beschießt sie mit einer Zwille. Das hilft ebenso wenig wie eine ganze Armee aufblasbarer Eulen. »Die Nachbarn sehen mich schon eigenartig an.« Da Spechte geschützt sind, kann man sie (zum Ärger einiger geplagter Menschen in Internetforen) nicht einfach töten. Zumindest nicht ohne Sondergenehmigung.

Es gibt über 200 Spechtarten. Und die meisten von ihnen beginnen oft bei Tagesanbruch, mit ihrem Schnabel in schneller Folge gegen Bäume und Wände zu hämmern, bis zu zwanzigmal pro Sekunde und 12 000-mal pro Tag. Auf diese Weise sichern sie ihr Revier und bezaubern die Weibchen; mit gezielten Schlägen suchen sie nach Insekten. Wenn sie zum Brüten Höhlen bohren, laufen sie zu Höchstform auf und verwandeln Bäume, Telefonmasten und Hauswände aus Zeder, Zypresse und sogar Metall in Schweizer Käse.

Die Schäden sind schon ärgerlich genug, doch das Hämmern bringt Leute um den Verstand, vor allem im Frühjahr (Sie wissen schon: Balz und so).

WAS JETZT?

Handeln Sie entschieden – und sofort, noch bevor sich die Vögel gemütlich einrichten. Behindern Sie den Zugang zu allem, was sie gerade anbohren. Vogelnetze sind möglich, aber langweilig. Wie wäre Guerillastricken? Sieht cool aus und löst das Problem, sagt Street Artist London Kaye, die vom Maschendrahtzaun über Briefkästen bis zu Baumstämmen alles umhüllt. Oder bauen Sie ihnen ein eigenes Spechthaus, vielleicht merken sie, dass das viel bequemer ist als tagelanges Hämmern.

Streichen Sie Ihr Haus schrill pink, angeblich hassen sie das. Sonst bleiben nur beharrliche Versuche, die Vögel zu verschrecken: Tennisbälle werfen – *neben* sie, *auf* sie ist verboten. Hängen Sie Spiegel oder alte CDs auf und konfrontieren Sie sie mit ihrem eigenen Abbild. Windspiele helfen – bis auch Sie sie nicht mehr ertragen.

STACHELROCHEN

/ *Auch bekannt als:* Stechrochen.

WO In seichtem Wasser unter dem Sand versteckt.

GRÖSSE Essteller und größer (in Thailand wie ein Trampolin).

Wenn Sie ins Wasser waten und auf einen Stachelrochen treten, wird es ungemütlich für Sie. Und je wärmer es wird und je mehr Menschen zum Strand gehen, umso mehr Angriffe von Stachelrochen werden wir erleben.

Sie liegen, den Kopf halb im Sand vergraben, faul herum, fressen Sandkrabben, bewegen sich nur mit den Wellen und sind schwer auszumachen. Daher rechnen Lebensretter an ruhigen warmen Tagen jederzeit damit, dass jemand auf einem Bein und laut klagend aus dem Meer hüpft.

Der Stachel des Rochens ist schmerzhaft, verursacht aber selten Komplikationen – sagt Dr. Carl Schulz, der diese Verletzungen zwei Jahre lang erforscht hat, und zwar im kalifornischen Seal Beach, der Stachelrochen-Hauptstadt der Welt.

Wenn man auf einen Rochen tritt, stellt er seinen mit Gift gefüllten Schwanzstachel auf. Man spürt einen kleinen Druck, bevor er ihn mit voller Wucht in den Fuß hineinrammt. Eine Schwimmerin meint, die Geburt ihrer Tochter habe weniger geschmerzt.

WAS JETZT?

Gehen Sie, um gar nicht erst auf einen Rochen zu treffen, mit viel Schlurfen und Spritzen ins Wasser. Der wirbelnde Sand warnt Rochen, dass Sie kommen, und schlägt sie in die Flucht. Wenn Sie dennoch auf einen getreten sind, bleibt Ihnen nur, den Fuß in äußerst heißem Wasser zu baden, bis der Schmerz vergeht. In Orange County in Florida halten die Lebensretter Eimer mit heißem Wasser bereit. Da sitzen dann die armen Gestochenen in einer Reihe wie zur Pediküre – wäre da nicht ihr jämmerlicher Gesichtsausdruck.

Die berühmtesten (und vermutlich einzigen) Menschen, die durch Stachelrochen starben: der australische Abenteurer Steve Irwin (in die Brust gestochen) und Odysseus (sein Sohn tötete ihn mit einem Speer, dessen Spitze ein Rochenstachel war). / Stingray City ist laut TripAdvisor die größte Touristenattraktion auf den Kaimaninseln. Dort können Sie Stachelrochen füttern, tätscheln und küssen. Falls Sie das denn möchten.

STACHELSCHWEIN

/ *Auch bekannt als:* Porcupine (englisch, weltweit geläufig).

WO In den Wäldern entlang der Grenze zwischen den USA und Kanada, in Afrika, Asien und manchen Gegenden Italiens.

GRÖSSE Etwa wie eine Mikrowelle, bis zu 25 Kilo schwer.

LAUTE Grunzen, Quietschen. Wenn das Tier sich schüttelt, erzeugen die Stacheln ein lautes Rasseln.

Man hat schon von einem Stachelschwein gehört, das sich einem Skifahrer ums Bein geklammert hat, aber normalerweise scheuen sie Menschen. Hunde hingegen werden ständig gestochen, am schlimmsten trifft es große Hunde wie Huskys, Bernhardiner und Schäferhunde. Lässt man sie ohne Leine im Wald laufen, kommen sie manchmal so stachelübersät zurückgerannt, als seien sie selbst ein Stachelschwein.

In der Defensive werden Stachelschweine, wie Menschen, kratzbürstig. Da die ungewöhnlich großen Nagetiere träge und außerordentlich kurzsichtig sind, wäre ihre Überlebenschance gleich null, wenn sie nicht diese 30 000, bis zu vierzig Zentimeter langen Spieße hätten, deren Enden mit mikroskopisch kleinen Widerhaken besetzt sind. Sie lösen sich bei Berührung und sinken immer tiefer ins Fleisch, bis man sie herauszieht.

WAS JETZT?

Wenn ein Stachelschwein auf Sie zuwatschelt, entfernen Sie sich langsam, ohne ihm den Rücken zuzuwenden. Geben Sie ihm Raum. Füttern Sie es nicht. Skiläufer in Colorado gaben einer lokalen Berühmtheit namens Stickers so lange Bonbons, bis er umgesiedelt werden musste, weil er aggressiv bettelte.

Hunde lernen nicht daraus. Egal wie oft sie gestochen wurden, es passiert wieder.

Wenige Stacheln können Sie selbst herausziehen, aber nicht mit den Fingern, sondern (wegen des festeren Griffs) mit einer Pinzette. Handeln Sie zügig. Drehen und knicken Sie die Stacheln nicht, wenn sie brechen, sinken sie tiefer ein und können innere Organe verletzen. Sollte Ihr Hund allerdings einem Seeigel ähneln, lassen Sie besser die Hände davon. Bringen Sie ihn zum Tierarzt, das ist für alle schonender.

APPETIT AUF STACHELSCHWEIN?

Der stachelfreie Bauch der Tiere ist für einen Puma der reine Kaviar, er flippt ein Stachelschwein schneller auf den Rücken als ein Fast-Food-Koch einen Burger. Aber wie ein Outdoor-Freak berichtet, gibt es auch Menschen, die Stachelschwein essen: »Über dem Lagerfeuer gebratenes Stachelschwein schmeckt großartig. Allerdings bei Weitem nicht so gut wie Biber.«

STECHMÜCKE

/ *Auch bekannt als:* Schnake, Moskito.

WO Den ganzen Sommer lang, besonders in der Dämmerung, abends und nachts.

GRÖSSE Wiegt weniger als ein Sandkorn.

LAUTE Ein penetrantes hohes Sirren, vor allem wenn Sie einschlafen wollen.

Weibliche Stechmücken sind auf Blut aus: von Vögeln, Pferden und – wie jeder weiß, der »lebendig aufgefressen« wird – von Menschen. Die mögen sie besonders, wenn sie überhitzt und verschwitzt sind, schwer atmen und den ganzen Tag Bier getrunken haben.

Nicht alle der rund 3000 Arten übertragen Krankheiten. Die, die es tun, töten allerdings jährlich bis zu eine Million Menschen. Weltweit sterben mehr Menschen durch Moskitos als durch andere Menschen: 2015 gab es knapp eine halbe Million Malariatote.

Die Todeszahlen in Europa und den USA sind allerdings niedrig. Dort geschieht selten mehr, als dass wir bei Grillabenden, in unseren Schlafsäcken, am Strand zerstochen werden. Wir alle hoffen, dass sich das Zika-Virus nicht weiter ausbreitet.

WAS JETZT?

Lassen Sie uns bei Mücken nicht über Tierschutz diskutieren. Wenn es danach geht, sollen wir uns durch die Einnahme von B-Vitaminen gegen sie schützen, der Versuch lohnt. Verzichten Sie auf Vogeltränke oder Goldfischteich, räumen Sie das alte Kinderschwimmbecken weg (stehendes Wasser lockt). Meiden Sie Parfum oder Limburger Käse, beides lieben sie ebenso wie Ihre Füße.

Ein Moskitonetz über dem Bett und Citronella-Kerzen helfen. Tragen Sie langärmelige, helle Kleidung. Sich von oben bis unten mit frischer Limone oder Zitronenbasilikum einreiben?

Warum nicht. Die beste Art, einer Stechmücke beizukommen, ist allerdings, so Ihr Gewissen das erlaubt, sie totzuschlagen: mit der flachen Hand, wenn sie auf Ihrem Arm sitzt, oder – wenn Sie schnell sind und präzise treffen – zwischen beiden Händen in der Luft.

Am meisten Spaß macht es allerdings mit einer 2000 Volt starken elektrischen Fliegenklatsche in Form eines Badmintonschlägers! Damit kann man in warmen Nächten hinter den Moskitos herjagen und sich fühlen wie Martina Navrátilová am Netz.

ABWEHRMITTEL

Benutzen Sie grundsätzlich Produkte mit
weniger als vierzig Prozent Icaridin oder DEET
(Diethyltoluamid). Auch Sprays auf der Basis
von Zitroneneukalyptusöl haben sich bewährt.

DAS BESTE HILFSMITTEL, FALLS SIE GETROFFEN WERDEN

»Zeit«, sagt Jerry Dragoo, der ein Institut zur Rufverbesserung von
Stinktieren leitet. Er wurde schon oft bespritzt – der Rekord steht bei
neun Mal in elf Sekunden von ein und demselben Tier. »Früher habe
ich geduscht, aber das hilft nicht, dass Tomatensaft hilft, ist eine Mär.
Man riecht nur obendrein auch noch nach Tomatensaft.«

STINKTIER

/ *Auch bekannt als:* Skunk, Stinkmarder.

WO Vom Süden Kanadas bis zur Südspitze Südamerikas; außerdem zwei Stinkdachsarten auf den südostasiatischen Inseln.

GRÖSSE Eine Bowlingkugel mit buschigem Schwanz.

LAUTE Kreischen, Grummeln, vogelähnliches Zwitschern.

Der US-amerikanische Fernsehsender PBS stellte einem Dokumentarfilm die bemerkenswerte Warnung voran: »Dieser Film zeigt Zeitlupenaufnahmen von Skunk-Aftern.« Diese Warnung ist sehr angebracht, denn wenn Sie einmal gesehen haben, wie so ein Hintern seine ölig-grünliche, schwefelhaltige Flüssigkeit ausspeit, werden Sie das nie mehr vergessen können.

Je weiter wir mit unserem Müll, unseren dreckigen Grills und nachlässig instand gehaltenen Häusern in ihr Territorium vordringen, umso größer ist die Gefahr, diesen knopfäugigen, schwarz-weiß gestreiften Allesfressern zu begegnen.

Skunks haben kaum natürliche Feinde, Kojoten, Füchse, selbst Bären halten sich fern. Und so tollen sie umher, vermehren sich ungehindert und richten bei jeder potenziellen Gefahr den buschigen Schwanz auf: bei spazierenden Paaren, Kindern im Hof, frei laufenden Hunden, ungeübten Kletterern, langsamen Joggern. Die einzige Selbstverteidigung des Stinktiers ist – sein Gestank.

WAS JETZT?

Mark Vargas vom Oregon Department of Fish and Wildlife rät: »Behandeln Sie ein Stinktier wie einen afrikanischen Löwen. Erschrecken Sie es nicht, stören Sie es nicht, dann trollt es sich von allein.« Falls nicht – spritzen Sie zuerst, am besten mit dem Gartenschlauch. Sobald der Skunk den Rücken krümmt und anfängt, zu zischen und zu stampfen (Fleckenskunks machen sogar einen imponierenden Handstand), sind Sie verloren: Skunks spritzen drei Meter weit und zielen makellos, danach ist Ihnen übel, Sie können vorübergehend erblinden und stinken mehrere Tage lang. Ihr Hund einige Wochen, Ihr Haus mehrere *Jahre*.

Das beste Mittel für Ihr Haustier: Bereiten Sie ihm ein Bad aus einem Liter dreiprozentigem Wasserstoffperoxid (erhältlich in Drogerien), sechzig Gramm Natron und einem Teelöffel flüssigem Tiershampoo. / Das beste Mittel für Ihr Heim: Wer weiß … Die Bewohner eines 400-Quadratmeter-Hauses in Pennsylvania mussten ausziehen.

TAUBE

/ *Auch bekannt als:* Ratte der Lüfte.

WO Pickt und trippelt überall in Städten und Parks.

GRÖSSE Eine Sauciere mit Füßen.

LAUTE Kehliges Gurren.

Zwischen Menschen und Tauben herrscht eine wahre Hassliebe. Aber wenn Sie nicht gerade Tauben- und Brieftaubenzüchter oder die Vogelfrau in *Mary Poppins* sind, ist es eher Hass.

Das gilt vor allem für alle Stadtreiniger, die Tag für Tag einen ebenso teuren wie aussichtslosen Kampf gegen zehn Kilo Kot pro Taube pro Jahr führen. Je mehr Simse, Erker und Ausschmückungen ein Gebäude hat, umso lieber nehmen Tauben dort Platz, umso mehr Dreck hinterlassen sie.

Tauben können jedoch mehr als nur scheißen. Ihre Beobachtung half Charles Darwin – einem Taubenliebhaber, der die Unterschiede zwischen wilden und zahmen Tieren erforschte –, Aspekte seiner Evolutionstheorie zu formulieren. Brieftauben wurden in beiden Weltkriegen für die militärische Nachrichtenübermittlung eingesetzt. Heutzutage gelten Straßentauben allerdings weniger als heroische Boten denn als Menschheitsplage (daher die Bezeichnung »Ratten der Lüfte«). Sie hingegen lieben uns, denn ob wir es gezielt tun oder nicht: Wir füttern sie.

Tauben haben lebenslange Partnerschaften. / Sie brüten mehrmals im Jahr. / Städtische Populationen sind in den letzten fünfzig Jahren stark gesunken, dennoch sind Tauben überall: Allein in New York leben über eine Million.

WAS JETZT?

Studenten der Texas Tech University haben die Tauben auf ihrem Campus gezählt (es waren 11 500), um einen Gegenschlag zu planen. Sie entschieden sich für Empfängnisverhütung in Körnerform. Sie wird wie normales Vogelfutter ausgestreut, die Vögel picken sie auf. Sonst bleibt nur, ihre Nistplätze abzusperren. Vergessen Sie Einfangen und Umsiedeln: Tauben fliegen immer wieder heim.

Greifvögel helfen. Auf dem Londoner Trafalgar Square gibt es weniger Tauben, seit die Stadtverwaltung regelmäßig Bussarde losschickt. Mit einer Falknerei sind Sie also gut dran. Sollten Sie nur verhindern wollen, dass Tauben Ihr Auto vollscheißen, folgen Sie dem Rat eines Studenten der Texas Tech University: Er stellt eine ausgestopfte Eule auf den Kühler seines Autos. In der Nähe wurde noch nie eine Taube gesichtet.

Der Verzehr von Truthähnen ist in den USA seit 1970 um 104 Prozent gestiegen. / Wilde Truthähne schlafen in Eichen. / Männliche Tiere versorgen den Nachwuchs überhaupt nicht.

TRUTHAHN

/ *Auch bekannt als:* Pute, Thanksgiving-Mahlzeit.

WO USA, Mexiko, Australien; vor allem im Wald und in der Nähe von Feldern und Wiesen.

GRÖSSE Ein normales Vorschulkind.

LAUTE Hähne kollern (wie ein lautes Gurgeln).

Lange kannten die meisten Amerikaner einen Truthahn nur in aufgeschnittener Form: kalt zwischen Weißbrotscheiben oder warm neben Kartoffelbrei. Nun aber begegnen sie immer häufiger höchst lebendigen Tieren, deren breites Gefieder sehr beeindruckend ist.

Wilde Truthähne verfolgen Radfahrer, bedrängen Kinder und picken nach Postboten auf Morgenrundgang. In Kalifornien wurde ein Tier auf einem Parkplatz so aggressiv, dass die Bedrohten den Notruf verständigten. In New Jersey saß eine Familie beim Abendessen, als ein riesiger schlammverkrusteter Truthahn durchs Fenster krachte und auf dem Tisch Platz nahm. Der Grund war möglicherweise, dass Truthähne mitunter aggressiv auf ihr Spiegelbild reagieren, weil sie es für einen Rivalen halten. Vielleicht sind sie (noch) dümmer, als sie aussehen …

Truthähne nehmen überall stark zu. Vor fünfzig Jahren hatte man sie durch Jagd auf eine halbe Million dezimiert und nahezu ausgerottet, heute schätzt man den Gesamtbestand auf etwa sieben Millionen. Wilde Truthähne sind »urbanisiert«, sie haben sich angepasst und scheuen Menschen kaum noch.

Lokale Zeitungen berichten immer gern und amüsiert über Probleme mit Truthähnen. Aber ein Angriff kann traumatisieren. Wie die Mutter, auf deren Tisch plötzlich ein lebender Truthahn saß: »Wir sprangen auf und rannten um unser Leben.«

WAS JETZT?

Wenn ein Truthahn Sie bedroht, geben Sie ihm deutlich zu verstehen, dass jemand wie Sie sich nicht von einem *Truthahn* einschüchtern lässt (auch wenn das gelogen ist). Klatschen Sie in die Hände und rufen Sie laut; rennen Sie nicht los, gehen Sie ruhig weiter. Verscheuchen Sie ihn mit einem Schirm oder einer Handtasche. An manchen Orten werden kostenlose Drucklufttröten verteilt, die sind laut und wirksam. Sollte ein wilder Truthahn Sie mit vierzig Kilometern pro Stunde verfolgen – bringen Sie sich in Sicherheit. Wie auch immer.

Uhukrallen sind angeblich so scharf
wie die Zähne eines Schäferhunds. /
Der europäische Uhu ist die größte
Eulenart, amerikanische Virginia-Uhus
sind etwas kleiner.

UHU

/ *Auch bekannt als:* König der Nacht.

WO An Felsen, in Bergwäldern und auch manchmal in Städten.

GRÖSSE Mit ausgebreiteten Flügeln etwa wie ein Viertklässler.

LAUTE Tiefes, gedämpftes, aber weit zu hörendes »bu ho«, Weibchen auch kreischend »chriä«.

Unter den etwa einhundert Eulenarten sind der europäische Uhu wie auch der amerikanische Virginia-Uhu einige der furchterregendsten. Sie haben große, an Hörner erinnernde Ohren (darum heißt er in den USA *Great Horned Owl*), orangefarbene oder gelbe Augen und lange, rasiermesserscharfe Krallen. Sie können den Hals um unfassbare 270 Grad drehen, nach langem Sturzflug treffen sie ihre Opfer millimetergenau. Außerdem sind sie hervorragende Nachtjäger.

Uhus fressen Eichhörnchen, Ratten, Stinktiere (kein anderes Tier wagt sich an Stinktiere heran). Sie können problemlos ein Stachelschwein verputzen, in Chicago krallte ein Uhu einen Chihuahua namens Chico vom Bürgersteig und verschwand mit ihm. An Menschen sind Uhus nicht interessiert, aber wenn sie Junge haben, ist Vorsicht geboten. Mitunter reagieren sie dann genauso über wie so manche »Helikoptereltern« auf zwei Beinen.

War der Virginia-Uhu ursprünglich auf die Ostküste der USA begrenzt, breitet er sich nun in Richtung Westen aus und wird auffälliger. In einem Park in Salem, Oregon, wurden vor einigen Jahren mehrfach arglose Jogger attackiert, Kappen wurden gestohlen, aber auch Kopfhaut verletzt. Danach entwarf die Fernsehmoderatorin Rachel Maddow ein Warnschild mit der Aufschrift *Angry Owls*. Es kamen Tausende Bestellungen aus aller Welt.

WAS JETZT?

Wenn Sie ein Uhunest finden, halten Sie Abstand. Heben Sie die Arme langsam über den Kopf und wedeln Sie damit, der Vogel soll Sie sehen, aber nicht erschrecken. Schlagen Sie Dosen aneinander. Halten Sie kleine Kinder dicht bei sich und Hunde an der Leine. Tragen Sie eine Mütze, am besten mit einem großen Bommel (das ist furchterregend). Sollten Sie *wirklich* beunruhigt sein, kleben Sie riesige blaue Kulleraugen auf die Rückseite Ihrer Mütze, dann hält der Uhu Sie für ein Raubtier. Fahrradhelme sind gut. Ein aufgespannter Schirm noch besser.

WAL

/ *Auch bekannt als:* Moby Dick.

WO In Ozeanen weltweit.

GRÖSSE Buckelwale werden bis zu zwanzig Meter lang und wiegen etwa dreißig Tonnen, Blauwale sind dreimal länger als ein Doppeldeckerbus.

LAUTE Verständigt sich durch Gesänge, die durch Unterwassermikrofone hörbar gemacht werden können.

Walbeobachtung ist ein Milliardengeschäft, ebenso groß wie die Wale selbst, und es wächst rasant. Die Touren sind meist sicher (wobei auch hier Missgeschicke passieren), und sie ähneln Klassenfahrten: ein paar Dutzend Menschen auf einem Drei-Stunden-Bootstrip, die gegen Übelkeit ankämpfen, an Limo- und Bierdosen nippen, an ihren Kameras herumnesteln und warten: auf den Anblick einer Fontäne, einer riesigen Schwanzflosse.

Immer mehr Menschen wünschen einen intimeren Rahmen, ohne Touristenhorden und ohne Kreuzfahrtschiffe. Kate Spencer betreibt an der kalifornischen Küste ein Schnellboot mit nur sechs Plätzen und ist Profi – im Gegensatz zu Ihnen, wenn Sie in einem aufblasbaren Kajak, der für Waldseen gebaut wurde, auf dem offenen Meer herumpaddeln.

Kajakfahren war lange eine Nische, jetzt sind die Boote überall zu kaufen und zu mieten. Spencer sah unlängst, wie ein Zweierkajak durch den Schlag einer Fünf-Meter-Walflosse kenterte. Und sie beobachtet ständig Paddler, die mit ihren Smartphones auf *National Geographic* machen. »Sie überlegen nicht, dass Profifotografen mit Teleobjektiven fotografieren. Wenn einem Laien ein solches Foto gelingt, war er viel zu nah dran.«

Als Stehpaddler auf Walsuche zu gehen sei geradezu idiotisch. »Es ist nur eine Frage der Zeit, bis eine Schwanzflosse jemanden schwer verletzt. Jeder will eine besondere Begegnung mit einem Wal, aber wenn Sie einem Tier nah sein wollen, sollten Sie sich einen Hund zulegen.«

WAS JETZT?

Erschrecken Sie Wale nicht. Bewegen Sie sich langsam. Halten Sie mindestens einhundert Meter Abstand. Warten Sie, bis die Tiere von sich aus zum Boot kommen. Nähern Sie sich ihnen nicht als Erster und verfolgen Sie sie nicht.

Kommt Ihnen ein Wal zu nah, müssen Sie auf die Seiten Ihres Kajaks trommeln, sonst hört er Sie vermutlich nicht. Falls er Sie sieht, könnte er Sie für einen Seelöwen halten. (Wale sind vermutlich völlig farbenblind.) Binden Sie Kajaks zusammen, um größer zu wirken – auch wenn Sie für den Wal dann immer noch Ameisengröße haben.

Wale sind, wie Menschen, manchmal schlecht gelaunt. Sie werden Sie nicht fressen, aber es kann sein, dass sie Sie anrempeln. Das ist dann so, als ob ein Dreißigtonner unter Wasser auf Sie losschießt.

WASCHBÄR

/ *Auch bekannt als:* Schupp.

WO Streift durch Wälder und wasserreiche Gegenden, plündert Müll. Ursprünglich nur in den USA, jetzt auch in Hessen, Brandenburg und Sachsen-Anhalt.

GRÖSSE Vier bis neun Kilo; den Gewichtsrekord hält mit 15 Kilogramm ein Tier namens Bandit, das eine Amerikanerin mit Eiscreme und Pommes fütterte.

LAUTE Schnattern, Fauchen, Kreischen.

Waschbärattacken sind äußerst selten – aber glauben Sie mir: Geschichten über tollwütige Waschbären sind nicht lustig.

Unlängst wurde in San Francisco ein Paar, das seine Hunde ausführte, von etwa zwölf Waschbären angegriffen. In Kassel wurde ein Gartenbesitzer von einem Muttertier gebissen, als er unter einer Plane vier Junge entdeckte. Eine Frau, die in Maine von einem Waschbär angegriffen wurde, ertränkte ihn, mit *bloßen Händen*, in einer Pfütze.

Viel üblicher ist allerdings, dass Waschbären Ihren Abfall durchwühlen, also machen Sie es ihnen nicht allzu leicht. Sie vermehren sich rasant und fühlen sich inzwischen in bewohnten Gegenden erschreckend wohl. Richtig teuer wird es, wenn sie sich in Ihrem Dach einnisten.

WAS JETZT?

Lassen Sie draußen das Licht brennen und ein Radio laufen (befestigen Sie es, sonst nehmen sie es mit. Schon vorgekommen). Bestreuen Sie jeden Müllsack mit Ammoniak, der Geruch ist ihnen verhasst, verschließen Sie die Mülleimer fest und hängen Sie blinkende Lichterketten drum herum. Das mögen sie nicht. (Ihre Nachbarn vielleicht auch nicht.)

Viel mehr kann man nicht tun. Katzenfutter, Wasserschalen und Katzenklappen sind wie Einladungen. Und mit ihren menschenähnlichen Pfoten können sie buchstäblich Türen öffnen.

Werden Sie panisch, wird der Waschbär panisch, das macht es nur schlimmer. Bleiben Sie ruhig und zeigen Sie dem Tier Auswege: Öffnen Sie Fenster. Legen Sie eine Spur aus Bonbons oder Käse zur Tür, knallen Sie hinter ihm mit dem Besen auf den Boden. Versuchen Sie nie, einen zu fangen – rufen Sie die Feuerwehr. Waschbären können sehr aggressiv werden, vor allem wenn sie Junge haben.

In Deutschland wurde das erste Waschbärenpaar 1934 am Edersee bei Kassel ausgesetzt. 1956 hatten sie 285 Nachkommen, heute ist die Zahl mindestens sechsstellig. / Im Jagdjahr 2014/15 wurden in Deutschland mehr als 116 000 Tiere erlegt. / Die EU zählt den Waschbären zu den hundert schlimmsten invasiven Tierarten des Kontinents.

WASCHBÄREN IN DER KÜCHE

von Peter Orner, Autor

Mein Mitbewohner Gary kochte gern. Keine Gourmetküche, aber auf dem Herd simmerte immer etwas, im Ofen schmorte ein Stück Fleisch – genug für ihn, mich und einen halben Sportverein. Manchmal machte er samstags die Küche sauber, manchmal nicht.

Eines Abends hörte ich beim Nachhausekommen Geräusche in der Küche. Babyfüßchen? Leises Knabbern? Kecker, unbekümmerter Lärm? Ich öffnete die Tür und sah sie: zwei Waschbären auf der Arbeitsfläche, fraglos im kulinarischen Himmel. Nicht nur hatten sie vor mir, dem rechtmäßigen Mieter dieser Wohnung, nicht die geringste Angst, sie taxierten mich auch gründlich. Ruhig weiterkauend, schienen sie mich einschätzen zu wollen. Was war ich für einer? War *ich*, dieser läppische Kerl im Flanellhemd, der Lieferant dieser Fülle? »Hast *du* diesen Braten gemacht?«, schienen sie zu fragen.

Was letztlich unwichtig war. *Ich* war es, der ihr Mahl in meiner Küche störte, sie sahen mich an, als wüssten sie, dass ich diese Geschichte noch Jahre später erzählen würde. Ich fragte mich, ob sie ein Paar waren, Ehegatten. Sie war größer als er. Käse bröselte ihr aus der Schnauze.

Ich griff einen Besen und versuchte, sie rauszuschieben. Doch was immer ich tat, sie rührten sich keinen Zentimeter. Am Ende gingen sie von allein – nein: Sie schlenderten gemütlich und sichtlich zufrieden durch die Tür hinaus in die Nacht.

WILDSCHWEIN

/ *Auch bekannt als:* Schwarzwild, Schwarzkittel.

WO Fast weltweit, vielerorts nehmen die Zahlen dramatisch zu.

GRÖSSE Etwa so schwer wie ein Mittelgewicht-Sumoringer.

LAUTE Grunzen.

Wildschweine sind eine lästige Plage und können mehr Schaden verursachen als hundert feiernde Teenager. Auf Feldern, in Gärten und Grünanlagen und bei Wild richten sie Millionenschäden an. Vor einigen Jahren stellte das amerikanische Landwirtschaftsministerium zwanzig Millionen Dollar zu ihrer Bekämpfung bereit. Die Schweine behielten die Oberhand.

Die borstigen und kräftigen Tiere sind Allesfresser und immer hungrig. Sie haben scharfe Stoßzähne, sprinten mit fünfzig Kilometern pro Stunde, übertragen zahlreiche Krankheiten und bewegen sich in sehr großen Rotten. Ihre Gesamtzahl ist unbekannt, aber 2017 wurden (nach Angaben des Deutschen Jagdverbands) allein in Deutschland knapp 600 000 Wildschweine erlegt.

Sie vermehren sich schnell, eine Bache bekommt im Jahr zwei bis acht Frischlinge. Daher haben manche Leute wenig Skrupel, sie zu jagen, vor allem wenn sie dafür bezahlt werden. In manchen Teilen der USA bringt ein ausgewachsener Keiler bis zu 300 Dollar Prämie ein, der Leiter einer texanischen »Hog Task Force« hat in drei Jahren 11 000 Schweineschwänze (Abschussbeweis!) gesammelt. Auch die köstlichen Wildschweinbraten und beliebten Wildschweingulaschs sind nicht zu verachten.

Jäger müssen sich vor Wildschweinen ebenso in Acht nehmen wie Wanderer und Besitzer von Gärten in Waldnähe, obwohl die Gefahr eines Angriffs gering ist. Wahrscheinlicher ist es, dass Sie eines mit dem Auto anfahren. (Dennoch: Begegnungen mit aggressiven Wildschweinen nehmen zu.)

WAS JETZT?

Wenn Sie im Wald auf Wildschweine treffen: Bleiben Sie ruhig, vermutlich trollen sich die Tiere von allein. Ansonsten gehen Sie rückwärts und klettern, so vorhanden, schnell auf einen Hochsitz oder einen (möglichst hohen) Baum.

Sollte das Tier angreifen, versuchen Sie, ihm auszuweichen (sehr schwierig) oder sich zu wehren. Allerdings werden Sie dabei vermutlich den Kürzeren ziehen. Konzentrieren Sie sich darauf, stehen zu blieben. Wenn Sie hinfallen, sieht es leider düster aus.

SCHNELL UND SELTEN

Die meisten Wildschweinangriffe auf Menschen dauern weniger als eine Minute. Und sie sind äußerst selten: Die Gefahr, von einem Wildschwein attackiert zu werden, liegt bei eins zu einer Million.

WARUM SO VIELE WILDSCHWEINE?

Sie vermehren sich wie … Karnickel, denn die Umgestaltung der Landschaft (zum Beispiel in riesige Maisfelder) und der Klimawandel kommen ihnen entgegen. Nur der Mensch kann sie in Schach halten, und wir sind gerade dabei, diesen Kampf zu verlieren.

KURZER PROZESS

Eine texanische Firma wirbt mit der Frage: »Möchten Sie fünf Meter über der Erde fliegen und dabei ganze Wildschweinrotten erlegen? Dafür brauchen Sie nicht mehr als einen Jagdschein und den Finger am Abzug.« Die Firma nennt ihr Produkt *Luftschlag*, gemeint ist die Wildschweinjagd per Hubschrauber, an der Hedgefonds-Manager und Millionäre in letzter Zeit zunehmend Gefallen finden … 4000 Dollar kosten zwei Stunden Spaß im *Pork Chopper*.

WOLF

/ *Auch bekannt als:* Isegrim.

WO Ganz Osteuropa über Sibirien bis zum Pazifik sowie Nordamerika.

GRÖSSE Größer als ein Kojote, kleiner als ein Schaf (was ihn nicht abschreckt).

LAUTE Jaulen und Heulen. Selten Bellen.

Seien wir realistisch: Ihre Chancen, jemals einen wild lebenden Wolf zu Gesicht zu bekommen, sind äußerst gering, selbst bei speziellen Wolfsafaris ist das nicht sicher. »In den USA gibt es Ranger, die ihr Leben lang vergebens hoffen, einen Wolf zu sehen«, sagt Lorna Smith. Sie hat in ihren 45 Berufsjahren über einhundert gesehen, denn sie arbeitet im US-Staat Washington im Umweltschutz mit Wildtieren und weiß, wo sie sie findet.

Nachdem Wölfe fast ausgerottet waren, haben sich die Bestände dank Schutzmaßnahmen in den letzten Jahrzehnten erholt, in Mitteleuropa leben aktuell etwa 15 000 Tiere. Von Osteuropa wandern sie immer weiter in den Westen. Die Frage, wie viele Wölfe zu viel sind, wird zwischen Naturschützern und Einwohnern betroffener Gebiete kontrovers diskutiert.

Zwischen 1950 und 2000 gab es in Europa 59 Angriffe auf Menschen, neun starben. Gefährlicher als wild lebende Tiere sind zahme und angefütterte Wölfe.

In der Regel sind Wölfe scheu, aber vor einiger Zeit wurde eine Joggerin südwestlich von Anchorage von einem Wolfsrudel getötet. Lorna Smith schüttelt den Kopf: »Sie trug Kopfhörer! Wir sagen den Leuten immer: Achtet mit allen Sinnen auf eure Umgebung.« Sie erklärt auch, dass ein Wolf, der zum allerersten Mal auf einen Menschen trifft, ihn nicht anfallen wird. Da kann man mit Bären und Pumas ganz andere Erfahrungen machen.

WAS JETZT?

Wölfe lassen sich selten blicken und greifen noch seltener an. Sie fürchten Menschen und wollen nichts mit ihnen zu tun haben. »Machen Sie also Menschengeräusche«, rät Smith. »Lärmen Sie, schreien Sie, klatschen Sie in die Hände. Behalten Sie das Tier im Auge, drehen Sie einem Raubtier niemals den Rücken zu.« Rennen Sie *keinesfalls* vor einem Wolf weg, rennen Sie *nie* hinter einem her! Und führen Sie Ihren Hund immer an der Leine.

ZECKE

/ *Auch bekannt als:* Holzbock.

WO In gemäßigtem Klima rund um den Globus, etwa jede dritte Zecke ist mit Borrelien infiziert.

GRÖSSE Zwischen Mohnsamen und Sesamsamen.

An einem Sommertag müßig im Gras zu liegen war lange der Inbegriff der Entspannung. Jetzt löst allein der Gedanke daran die schlimmsten Horrorvorstellungen aus.

Zecken sind überall und warten auf uns. Ganz buchstäblich. Denn sie können weder springen noch fliegen, sondern klammern sich, die vorderen Beine ausgestreckt, an Grasblätter oder Sträucher, bis sie bei einem zufälligen Passanten andocken können.

Wenn eine Zecke ein Wirtstier braucht, findet sie eines – ein Eichhörnchen, ein Reh, Ihren Vater –, nistet sich ein und beginnt, Blut zu saugen. Langsam. Bis man sie erwischt. Und je länger sie saugt, umso größer die Gefahr, dass sie Borreliose überträgt, die zu Fieber, Müdigkeit, Arthrose und Lähmungen, schweren neurologischen Störungen und Gehirnentzündungen führen kann.

WAS JETZT?

Machen Sie an jedem Sommerabend von Kopfhaut bis Fußzehen eine gründliche Zeckensuche. *Wirklich* gründlich. Zecken verstecken sich (sogar in Nasenlöchern) und begleiten Sie in Kleidung, Haustieren und Rucksäcken nach Hause. Waschen Sie alles bei hohen Temperaturen, nehmen Sie binnen zwei Stunden ein Bad. Eine Zecke braucht 24 bis 36 Stunden, um sich gemütlich einzugraben und Sie anzustecken, also suchen und finden Sie sie *umgehend*.

Ziehen Sie das Tier nicht mit den Fingern heraus. Wenn es zerquetscht wird, gibt es Körperflüssigkeiten ab, das ist für Sie noch gefährlicher. Benutzen Sie eine Pinzette. Ziehen Sie sie immer wieder mit gleichmäßigem Druck nach oben: Das Tier löst sich. Reinigen Sie die Stelle, werfen Sie die Zecke in die Toilette und achten Sie in den folgenden Wochen auf kreisrunde Rötungen und mögliche andere Symptome. Eine früh erkannte Borreliose ist gut behandelbar.

NICHT NUR REHE UND BÜSCHE

Mäuse und Zecken sind eng miteinander verbunden. Je mehr
Mäuse es gibt, desto häufiger tritt Borreliose auf. Mäuse infizieren
die Zecken, die ihr Blut saugen. Eine Maus kann zwischen fünfzig
und einhundert Zecken im Gesicht haben.

EINE ALTE KRANKHEIT

Der älteste bekannte Borreliose-Kranke ist vermutlich Ötzi, der
vor 5300 Jahren lebte und 1991 in Südtirol als Gletschermumie
gefunden wurde.

GEFÄHRLICHKEIT DER TIERE FÜR DEN MENSCHEN

Das ist eine Schätzung, wie viele Menschen weltweit jährlich von Tieren getötet werden. Auf den ersten Plätzen stehen nicht, wie Sie vielleicht erwartet haben, Bären, Haie und Wölfe, sondern – Moment mal! – Mücken, Schlangen und Hunde. Die gute Nachricht ist: Tiere sind nur für 0,0008 Prozent aller menschlichen Todesfälle verantwortlich. Die Lehre daraus lautet: Liebe Tiere, fürchte sie nicht!

STECHMÜCKEN: knapp 1 000 000

SCHLANGEN: 100 000

HUNDE: 25 000

KROKODILE: 1000

HIRSCHE: mehr als 200

KÜHE: mehr als 100

QUALLEN: 50

BÄREN: 10

HAIE: 10

WÖLFE: 10

DANK

»Sag mal, was macht man eigentlich, wenn ein Bär auftaucht?«, fragte ich meine Freundin Mandi Bateman bei einem Waldspaziergang. »Und wie war das mit Pumas?«

»Keine Ahnung …«, erwiderte sie. »Wäre aber ein gutes Buchthema.«

Danke, Mandi, das ist es tatsächlich.

Dank an meine befreundete Kollegin Bonnie Tsui, die mich bei einem beschwipsten Spaziergang im kalifornischen Wine Country überzeugte, ein Exposé zu schreiben. Dank an die überaus kluge Danielle Svetcov, die mich von Anfang bis Ende begleitet und unterstützt hat. Dank an das gesamte Team von Ten Speed Press, vor allem Emma Campion, Ashley Lima, Ashley Pierce, Windy Dorresteyn, Daniel Wikey, Heather Porter und Dan Myers, für ihre Professionalität sowie dafür, dass sie einer Autorin mit ihrem ersten Buch sofort das Gefühl gaben, willkommen zu sein. Und Dank an meine Lektorin Julie Bennett für den Enthusiasmus, die gescheiten Kommentare und das Engagement, mit denen sie mein Buch verbesserte.

Dank an Dutzende von großzügigen Fachleuten, die ich, ob namentlich zitiert oder nicht, interviewt habe. Dank an die Bürogemeinschaft San Francisco Writers' Grotto, besonders an Caroline Paul (die immer die entscheidenden Fragen stellt und alle Antworten weiß) sowie Rodes Fishburne (für die unermüdliche Frage »Bei welchem Tier bist du jetzt?«. Du hast mich angetrieben, als ich erst bei Gänsen war.) Dank an Jasmine Wade für den Faktencheck.

Dank an alle meine Gesprächspartner, die ihre Erfahrungen bereitwillig und anschaulich mit mir teilten. Dank an die intensiven Guerneville/Inverness Writers' Retreats, den Anchovy Club für kleine Fische und große Mengen Buchwissen, an George McCalman und Greg Clarke für frühe und außerordentlich wichtige Gespräche. Dank an meine alleralleresten Freundinnen und Freunde an beiden Küsten sowie die Freundin in Namibia, die mir eine »Gepardenwanderung« vorschlug (Danke, nein).

Dank an Skarli Pena für alles. An Ida Richter fürs Lesen. An Vetter Dave und an Ricki fürs Essen. Und an Mike Herzlinger, der das Bärenspray getragen hat. Dank an meine Schwester, Julie Levin Herzlinger, die weiß, welche Gefahren eine an sich friedliche Wanderung in Bhutan birgt. Dank, wie immer, an meinen Vater Danny, der nichts fürchtet außer Kreuzfahrtschiffen, und an meine Mutter Margie, mit deren Katzenphobie vielleicht, wer weiß, alles anfing.

Dank an Hazel, meine kleine Co-Autorin, und Oren, meinen kleinen »Freund aller Lebewesen« – mögest du es immer bleiben. Und Dank schließlich an Josh, der einen Elch bei Dunkelheit und aus einer Meile Entfernung erspäht und dessen Liebe, Unterstützung und kluge Anregungen mir mehr bedeuten, als ich sagen kann.

»Unendlich faszinierend«

Bill Bryson

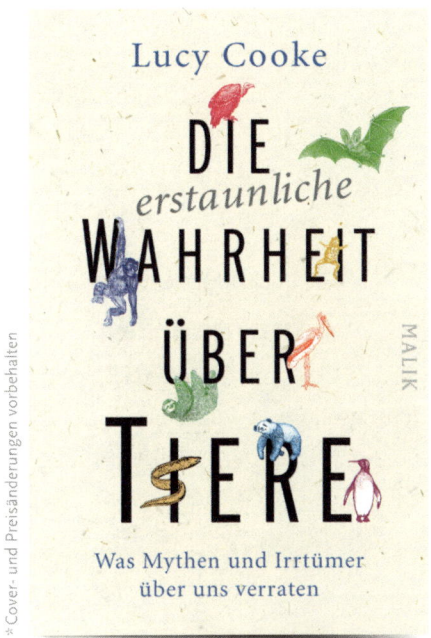

Hier reinlesen!

Lucy Cooke

Die erstaunliche Wahrheit über Tiere

Was Mythen und Irrtümer über uns
verraten

Aus dem Englischen von Gabriele
Gockel, Christa Prummer-Lehmair
und Jochen Schwarzer
Malik, 368 Seiten
€ 22,00 [D], € 22,70 [A]*
ISBN 978-3-89029-476-6

Aale, die aus Sand entstehen, Schwalben, die unter Wasser Winterschlaf halten ... Die Geschichte wimmelt von abstrusen Behauptungen über Tiere, erfunden von den hellsten Köpfen ihrer Zeit. Lucy Cooke deckt zahlreiche Mythen und Irrtümer auf, verrät faszinierende und höchst unterhaltsame Fakten. Sie erklärt, warum Faultiere ihr Leben riskieren, wenn sie ihren Darm entleeren; Pinguine niedlich aussehende Perverslinge sind; und dass sogar die bizarrste Theorie einen wahren Kern haben kann.

MALIK

Leseproben, E-Books und mehr unter **www.malik.de**

Hör mal, wer da brüllt!

Jan Pedersen

Stimmen der Wildnis

100 Tiere aus aller Welt und ihre Rufe

Aus dem Schwedischen von
Einhard Bezzel
Malik, 264 Seiten
€ 19,99 [D], € 19,99 [A]*
ISBN 978-3-89029-447-6

Sie bellen, röhren, grollen und flöten – die Kommunikation unserer Tierwelt ist ein melodiöses Abenteuer. Vom sagenumwobenen Heulen des Wolfs und berührenden Gesang des Buckelwals bis hin zum kuriosen Brummen des Motorradfroschs und trompetenartigen Ruf des Paradiesvogels: Bildgewaltig und mit zahlreichen integrierten Tonbeispielen setzt der Band 100 Tierarten aller Kontinente und Meere mit ihren Stimmen in Szene. Diese fantastische Schau der Tiere ist das perfekte Geschenk für Jung und Alt.

Leseproben, E-Books und mehr unter www.malik.de

MALIK